미래를 살아갈 10대를 위한 생태계 수업

친절한 교과씨
생물다양성으로
수다 떨다

이고은 글
불곰 그림

데이스타
Daystar

차례

멸종이 공룡들 얘기 같지?
우리 얘기가 될 수도 있어

지구의 긴 역사 속에는 다섯 번의 대멸종이 있었어. 그때마다 수많은 생명이 사라졌지. 그런데 과학자들은 지금 여섯 번째 대멸종이 진행 중이라고 말해. 심지어 지금의 멸종 속도는 과거 자연 상태의 대멸종보다 수백 배 빠르대. 전 세계에서 최대 100만 종이 수십 년 안에 사라질 수도 있다는 이야기도 들려오지.

주요 원인은 인간의 활동이야. 농업과 개발 같은 토지 이용 변화, 오염, 침입 외래종, 기후 변화가 복합적으로 작용하면서 생명체들이 설 자리를 잃고 있지. 우리는 문명을 발전시켜 왔지만, 어쩌면 그 문명이 우리 발밑의 생태계를 무너뜨리고 있는지도 몰라. 그래서 이렇게 묻게 되지. 공룡이 멸종한 것처럼, 우리도 언젠가 사라질까?

"우리는 자연 세계의 복잡성 중 극히 일부만을 알고 있을 뿐이다. 어디를 보아도 아직 우리가 알지 못하고, 이해하지 못한 것들이 남아 있다."

영국의 자연사학자이자 다큐멘터리 제작자 데이비드 애튼버러의 말처럼 자연은 여전히 우리에게 배우라고, 연결 속에서 답을 찾으라고 속삭이고 있어. 우리가 '생물 다양성'의 의미를 이해하고 지키려 한다면 이야기는 달라질 수 있어.

생물 다양성은 단순히 생물의 종류가 많다는 뜻이 아니야. 서로 다른 생명이 연결되어 살아가는 지구 생명망의 힘을 말하지. 다양성은 생명 전체의 보험 같은 거야. 하나가 사라지면 또 다른 생명이 흔들리고, 결국 인간도 영향을 받아.

이 책은 '환경을 보호하자'라는 단순한 구호를 넘어서 생명의 연결 속에서 우리의 삶을 다시 바라보게 하는 이야기를 담고 있어. 무겁게 읽지 않아도 돼. 학교에서 배운 개념들이 우리 일상과 얼마나 닿아 있는지를 보여 주는 가볍고 흥미로운 책이니까. '단일 민족이 더 좋은 거 아니었어?'라는 질문에서 시작해 '짜증 나는 모기가 죽으면 생태계는 괜찮을까?' 같은 생활 속 궁금증과 연결된 생물 다양성의 가치를 발견할 수 있거든. 벚꽃이 점점 빨리 피는 이유, 바나나가 한 번 멸종할 뻔했던 사연, 백두대간 깊은 곳의 씨앗 저장소까지 모두 생물 다양성과 이어진 이야기들이야.

어려운 과학 개념도 이야기를 따라가다 보면 자연스럽게 이해될 거고 학교에서 배운 내용이 내 주변의 사건과 연결될 때 지식이 살아 움직이는 경험을 하게 될 거야. 책을 덮을 때쯤엔 지구를 지키는 일은 거창한 환경 운동이 아니라 나와 연결된 이야기라는 걸 느낄지도 몰라. 생물 다양성은 지구의 소원이자 우리의 미래야.

~ 1장 ~

우리의 소원은 통일, 자연의 소원은 생물 다양성?

단일 민족이라 좋은 거 아니었어?

"우리 민족은 단일 민족이야." 이런 말 어릴 때 많이 들어 봤지? 같은 문화와 언어 그리고 뿌리에서 오는 유대감은 공동체 의식을 높여 줘. 실제로 단일 민족 사회는 결속력이 강하다는 장점이 있어. 하지만 과학의 눈으로 보면 이야기가 완전히 달라지지. 생물학적으로 '유전적 다양성'이 부족한 사회는 전염병이나 환경 변화 같은 위협에 훨씬 취약하거든.

자, 상상해 봐. 어떤 새로운 **병원체**가 나타났는데 사람들의 유전적 특성이 거의 비슷하다면? 모두가 비슷하게 병에 걸릴 수밖에 없어. 반대로 유전자가 다양한 사회라면 누군가는 쉽게 감염되지만 다른 누군가는 선천적인 면역력 덕분에 병에 걸리지 않을 수도 있지. 그러면 전염력과 사망률이 높은 질병이 돌아도 종의 일부는 살아남아 다음 세대로 이어질 수 있으니 다양성이야말로 집단 전체의 생존 전략이 되는 거야.

이건 역사 속에서도 여러 번 증명되었어. 19세기 아일랜드에서는 주식이었던 감자를 재배할 때, 다양한 품종을 재배하지 않고 한 품종에 지나치게 의존했는데 감자 역병이 퍼지며 수확이 바닥을 쳤어. 그 때문에 수백만 명이 굶주리고 많은 사람이 이민을 떠나기도 했지. 농작물 하나 때문에 국가와 사회 전체가 흔들린 사건이었어. 이처럼 다양성이 없으면 아주 작은 위험에도 모든 게 무너질 수 있는 거야.

감자 같은 작물뿐 아니라 인간 사회도 마찬가지야. 아이슬란드를 보면 잘 알 수 있어. 인구가 약 40만 명밖에 되지 않는 작은 섬나라라서 대략 1200년 동안 큰 인구 이동이 없었지. 그러다 보니 웬만한 사람끼리는 친척 관계일 확률이 높아. 그래서 '사촌 앱'이 등장했던 적도 있어. 사촌 앱은 한 대학생 팀이 아이슬란드 족보 데이터베이스를 활용해 만든 건데, 서로 스마트폰을 맞대면 "당신들은 사촌입니다." 같은 경고 메시지가 뜨는 거지. 농담처럼 보이지만 근친결혼은 유전 질환이 발현될 위험이 크기 때문에 그걸 줄이기 위한 사회적 장치라고 할 수 있어.

핀란드도 비슷해. 오랫동안 외부와 거의 교류하지 않다 보니 작은 마을 단위 안에서만 결혼이 이루어졌고, 그 결과 특정한 유전자 변이가 고착돼 버렸지. 그래서 '핀란드 유전병 유산'이라고 불리는 희귀 질환군이 39종이나 있다고 해. 각각은 희귀한 질환일 수 있지만, 아이슬란드나 핀란드처럼 유전적 다양성이 낮은 집단에서는 발병 확률이 높아.

이런 현상은 단순히 개인의 건강 문제가 아니라 사회 전체의 생존력, 회복력과 연결되어 있어. 전염병이 퍼졌을 때 유전자가 비슷한 탓에 모두가 동시에 무너지는 모습을 상상해 봐. 다들 병들었는데 서로 간호하고 사회를 유지하기는 쉽지 않겠지. 결국 건강하고 튼튼한 사회를 만들려면 다양성을 지키는 게 필수야. 겉모습이 익숙하고 통일성 있는 것보다 오히려 '조금씩 다른 것'이 더 단단한 공동체를 만드는 비밀 열쇠인 셈이지.

🖍️ 단어 설명 병원체

'병원체'는 사람이나 동물 몸에 들어와 질병을 일으키는 원인체를 말해. 세균, 곰팡이, 원생생물, 기생충처럼 세포를 가진 생물뿐 아니라 바이러스처럼 세포 구조가 없는 비세포성 입자도 포함돼. 이들은 숙주 세포에 달라붙어 증식하거나 세포를 직접 파괴하고, 어떤 경우에는 독소를 만들어 주변 조직을 손상시키기도 해. 그래서 감염병을 예방하거나 치료하려면 병원체의 종류와 특성을 정확히 아는 게 무엇보다 중요해.

 **지식 확장**

유전병 연구는 아이슬란드와 핀란드가 딱이라고?

아이슬란드는 유전 질환 연구가 활발해. 유방암이나 난소암 관련 유전자를 찾는 대형 연구에서도 아이슬란드인의 유전 정보가 많이 활용됐지. 인구가 적고 유전적으로 비슷한 집단이라 다른 나라보다 특정 유전자의 영향이나 질병과의 연관성을 통계적으로 분석하기가 훨씬 수월하기 때문이야. 마찬가지로 핀란드도 희귀 질환의 원인 유전자를 밝히는 연구나 새로운 진단, 치료법 개발이 활발하게 이루어지는 곳이야.

 **토의·토론**

국가가 유전자 정보를 수집하고 활용해도 괜찮을까?

아이슬란드엔 친척 여부를 확인하는 족보 데이터베이스

가 있고, 핀란드는 국가 차원에서 희귀 유전병 데이터를 체계적으로 관리하고 있어. 이렇게 모인 정보는 질병 연구나 맞춤 치료에 도움이 되지만 민감한 개인 정보가 유출되거나 국가 또는 기업이 자의적으로 정보를 활용할 수 있다는 우려도 있지. 유전자에는 건강 정보뿐 아니라 가족 관계, 질병 위험, 나아가 개인의 정체성과 관련된 민감한 내용까지 담겨 있기 때문이야. 그렇다면 국가가 개인 유전 정보를 어디까지 수집하고 활용해도 괜찮을까? 공익과 개인 권리 사이에서 기준이 필요해.

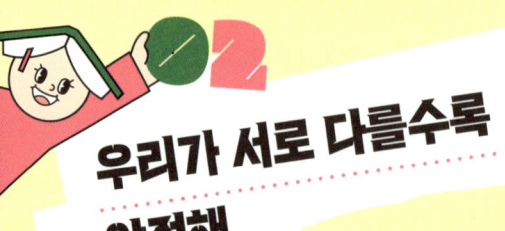

우리가 서로 다를수록 안전해

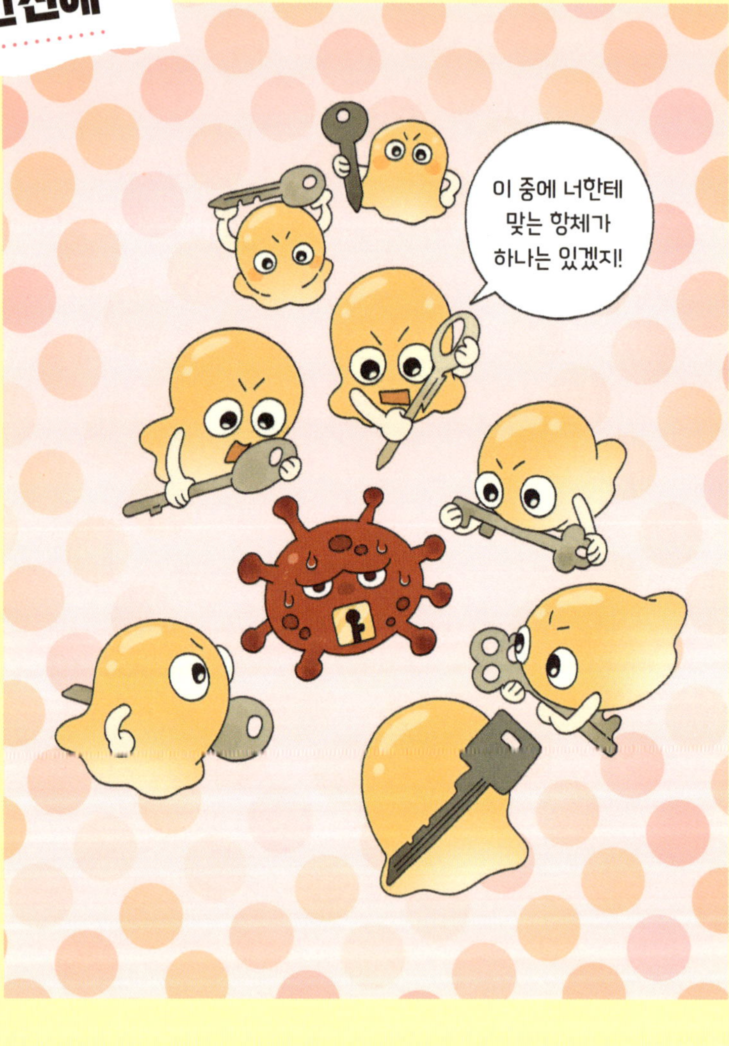

　같은 병에 걸려도 어떤 사람은 금방 낫고, 어떤 사람은 심하게 앓거나 아예 감염되지 않기도 해. 코로나19 때도 그랬지. 왜 같은 바이러스인데 반응이 다른 걸까?

　그 이유 중 하나는 면역 유전자의 다양성 때문이야. 특히 HLA Human Leukocyte Antigen 유전자가 중요한 역할을 해. 인간 백혈구 항원 유전자라고도 하는데 바이러스나 세균 같은 침입자의 존재를 면역 세포에 알리는 역할을 하지. 그런데 이 유전자는 사람마다 달라서 바이러스를 인식하는 방식도, 면역 반응도 제각각이야. 그래서 같은 병에 걸려도 반응이 제각각인 거지.

　하지만 이건 단순히 누가 병에 걸리냐 마냐의 문제만은 아니야. 만약 사람들의 HLA 유전자가 대체로 비슷하다면 하나의 바이러스가 유행할 때 모두 동시에 아플 위험이 크겠지.

반대로 사람들의 HLA 유전자가 다양하면 그 어떤 병이 유행하더라도 저항할 수 있는 사람이 생길 거야. 그 사람들이 전염병 확산을 막고 다른 사람을 보호하는 중요한 역할을 하지. 이처럼 유전적 다양성은 사회의 회복력과 생존력을 높여 주는 안전장치가 될 수 있어.

또 하나 중요한 게 있어. 바로 '항체 다양성'이야. 항체는 우리 몸이 만들어 내는 단백질 무기인데 그 다양성의 뿌리는 유전자에 있어. 항체 유전자는 하나로 고정된 게 아니라 여러 조각이 무작위로 섞이며 계속 새로운 형태를 만들어. 덕분에 아직 만나 보지 못한 병원체에도 대응할 수 있는 수억 가지의 항체를 만들 수 있지. 게다가 항체는 처음 만들어진 모습 그대로 유지되는 게 아니라 감염 후에도 조금씩 변해서 더 효과적으로 병원체에 대응해. 병원체가 자물쇠라면 항체는 처음엔 빡빡하거나 헐렁하지만 '쓸 수는 있는' 열쇠였다가, 시간이 지나면서 자물쇠에 꼭 맞는 정밀한 열쇠가 되는 거야.

아이가 태어날 때도 다양성이 중요하긴 마찬가지야. 유전자가 다른 두 사람이 만나 아이를 낳을 때, 부모가 유전자를 반씩 물려주니 아이는 다양한 유전자 조합을 갖게 되지. HLA 유전자나 항체를 만드는 유전자도 마찬가지라서 부모의 유전자가 서로 다를수록 아이는 더 많은 병원체에 대한 면역 시스템을 가지게 되는 거야.

연구자들은 인류가 서로 섞이며 다양성을 유지하는 것이 건강에 유리하다고 봐. 인류 전체의 **유전자 풀**Gene Pool이 건강하게 유지되려면 다양한 유전자가 섞여야 한다는 뜻이야. 유전적 다양성은 다음 세대를 위한 생물학적인 힘이지.

물론 누군가는 비슷한 사람과 어울리는 게 더 편하다고 느낄 수 있어. 같은 언어와 문화, 생활 방식을 공유하는 상대는 안정감을 주니까. 하지만 예측할 수 없는 위기 상황에서는 그런 익숙함이 오히려 약점이 되기도 해. 우리가 서로 다르다는 건 그만큼 위기에 대응할 수 있는 전략이 많다는 뜻이거든.

자연은 한 가지 방식만 고르지 않았어. 다양한 꽃, 동물, 인간이 함께 살아갈 수 있는 이유는 서로 다르기 때문이지. 인간 사회도 마찬가지야. 생각과 경험, 문제를 푸는 방식이 다른 이들과 함께할 때, 더 유연하고 튼튼한 사회를 만들 수 있어. 기후 위기 앞에서도 누군가는 기술을, 또 누군가는 제도나 생활 방식의 변화를 이야기하지. 그렇게 다양한 접근이 모여 더 나은 해답이 나오는 거야. 자연은 통일이 아니라 다양성을 선택했고, 그 덕분에 우리는 지금까지 살아남았어. 앞으로도 마찬가지일 거야.

 **유전자 풀**Gene Pool

'유전자 풀'은 한 생물 집단이 가진 모든 유전자의 집합을 뜻해. 쉽게 말하면 그 집단의 유전 정보가 담긴 창고라고 볼 수 있지. 예를 들어 같은 지역에 사는 사람들의 눈동자 색, 키처럼 겉으로 보이는 특징부터 혈액형이나 어떤 질병에 강한지 등 눈에 보이지 않는 특징까지 모두 이 창고에 들어가는 거야. 이 유전자 풀이 넓고 다양할수록 집단은 환경 변화나 전염병 같은 위기에 더 잘 적응할 수 있어.

🔦 지식 확장

부모 유전자가 다를수록 강해지는 면역력

유전자는 보통 '우성'이나 '열성'으로 나뉘어 한쪽이 겉으로 드러나는 경우가 많아. 예를 들어, 갈색 눈과 파란색 눈 유전자가 만나면 겉모습은 우성인 갈색 눈으로 나타나지. 한편 '공우성' 유전자는 부모 양쪽에서 물려받은 유전자가 동시에

친절한 교과 씨 생물 다양성으로 수다 떨다

작동하는데 대표적인 예가 바로 HLA 유전자야. 부모의 유전자가 서로 다를수록 자녀는 더 다양한 HLA 조합을 가지게 되는 거야. 그만큼 여러 병원체에 대응할 수 있는 무기를 갖춘 거고, 면역적으로 훨씬 유리한 거지.

사랑을 유전 정보로 결정해도 괜찮을까?

유전 정보는 질병을 예측, 예방하는 데 중요한 도구야. 부모의 특정 유전자로 인해 자녀가 유전 질환을 앓을 수도 있기 때문에 연애나 결혼 단계에서 미리 유전 정보를 고려하거나 전문적인 유전 상담을 통해 출산을 계획하는 경우도 늘고 있어. 예비 부모로서는 자녀의 건강을 위해 필요한 준비라고 생각할 수 있지. 하지만 이건 사생활 침해나 사랑의 자유를 제한하는 문제와도 맞닿아 있어. 과연 자녀의 유전 질환을 막기 위해 유전 정보를 따져 보는 게 옳을까? 그 활용 한계는 어디까지이며, 언제부터 주의해야 할까?

같은 종 안에서도 다양할 수 있어

같은 생물 종이라고 해서 모두 똑같이 생기고 똑같이 행동하진 않아. 예를 들어 똑같은 은행나무라도 잎 모양을 자세히 보면 둥근 것, 깊게 갈라진 것, 가장자리에 작은 톱니가 있는 것 등 차이가 있지. 또 무당벌레는 점이 많은 것도, 점이 적거나 아예 없는 것도 있어. 심지어 집에서 기르는 강아지도 털색, 크기, 성격이 제각각이잖아. 이런 차이는 단순히 환경 차이 때문만이 아니라 유전자 조합의 차이에서 비롯되며 거기에 환경의 영향이 함께 작용한 결과라고 할 수 있어. 사람도 마찬가지야. 같은 반 친구들끼리도 혈액형이 다르고 얼굴 생김새나 피부색, 지문까지 전부 달라. 이런 게 바로 '같은 종 안의 다양성'이야.

이 다양성은 겉모습을 개성적으로 만들 뿐 아니라 생존에도 큰 의미가 있어. 예를 들어 특정 혈액형인 사람에게만 치명적인 전염병이 돈다면 혈액형이 다양한 집단일수록 병을 이겨 내는 사람이 많을 테니 생존률이 높겠지. 전염병의 병원체가 열쇠라면 다양한 혈액형은 다양한 모양의 자물쇠야. 열쇠 하나로 모든 자물쇠를 열 순 없는 것과 같은 원리라고 할 수 있어. 실제로 아프리카 사하라 사막 남쪽 **말라리아** 유행 지역에는 '더피Duffy 음성형'이라는 혈액형이 있어. 이 혈액형을 가진 사람은 삼일열 말라리아 원충이 적혈구 안으로 잘 침투하지 못하지.

그렇다면 이런 다양성은 어떻게 생겨날까? 바로 '변이'와 '돌연변이' 덕분이야. 변이는 부모로부터 물려받은 유전자가 서로 다르게 조합되면서 나타나는 차이야. 생식 과정에서 부모의 유전자가 서로 섞이고 재조합되기 때문인데, 여러 장의 카드를 섞어 새로운 패를 뽑는 것과 비슷해. 머리색, 키, 피부색처럼 여러 유전자가 함께 작용하는 특징도 그렇게 만들어져. 형제자매끼리도 닮은 듯 다르게 생긴 이유가 바로 이런 변이 때문인 거지.

반면 돌연변이는 유전자를 이루는 DNA 염기 서열이 우연히 바뀌면서 생기는 변화야. 대개는 눈에 띄지 않거나 별다른 차이를 만들지 않지만 가끔은 새로운 특징의 씨앗이 되기도 해. 예를 들어 어떤 돌연변이는 낯선 음식을 소화할 수 있는 능력을 주기도 하지. 실제로 유목 생활을 하던 일부 민족은 성인이 되어서도 우유 속 유당을 분해할 수 있는 돌연변이가 나타난 덕에 목축 사회에 잘 적응할 수 있었다고 해. 또 산소가 희박한 고산 지대 사람들에게는 적혈구가 과도하게 늘지 않으면서 산소를 효율적으로 쓰게 하는 돌연변이가 퍼져 있어. 그래서 산소 농도가 낮은 고산 지대 환경에서도 잘 지낼 수 있지. 어떤 돌연변이는 피부색이나 털색을 바꿔 포식자로부터 눈에 덜 띄게 만들어 주는 등 생존에 유리한 방향으로 작용하기도 해.

이처럼 변이와 돌연변이는 마치 자연이 실험을 하는 것 같지. 수많은 조합과 변화 속에서 우연히 환경에 잘 맞는 특성이 나타나고 그것이 세대를 거듭하며 점점 퍼져 나가게 돼. 반대로 불리한 형질은 점차 줄어들지. 이렇게 같은 종 안에서 나타나는 작은 차이들이 쌓여 미래의 환경 변화에 적응하고 살아남을 가능성을 높여 주는 보험이자, 생명의 끊임없는 진화를 이끄는 원동력이 되는 거야.

 **단어 설명** **말라리아**

'말라리아'는 원생생물에 속하는 아주 작은 단세포 기생충인 '말라리아 원충'이 일으키는 질병이야. 이 원충은 암컷 얼룩날개모기가 사람을 물 때 피와 함께 몸속으로 들어오지. 먼저 간에 숨어 증식한 뒤, 다시 혈액 속으로 들어가 적혈구 안에서 살아. 그렇게 수를 불린 원충이 한 번에 빠져나올 때 발열, 오한 같은 말라리아 증상이 나타나지. 이렇게 모기와 사람 사이를 오가며 살아가는 게 말라리아 원충의 특징이야.

지식 확장

혈액형 변이가 만든 말라리아 방패

말라리아 원충 가운데 삼일열 말라리아 원충은 적혈구 표면의 '더피 단백질'을 손잡이처럼 잡고 들어가는데 아프리카 사하라 사막 남쪽 지역에는 더피 단백질이 아예 없는 '더피 음성형' 혈액형 변이가 널리 퍼져 있어. 그래서 원충이 적혈구에 침입하지 못하고, 이 지역 사람들은 삼일열 말라리아에 거의 걸리지 않아. 수천 년 동안 말라리아가 유행해 온 환경에서 이런 변이를 가진 사람들이 더 오래 살아남은 덕분에 지금은 사하라 남쪽 아프리카 인구의 90% 이상이 더피 음성형이야.

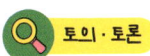
토의·토론

질병에 강한 유전자를 선택해 다음 세대를 만드는 건 괜찮을까?

특정 유전자가 질병에 강한 경우, 어떤 사람들은 미래 세대의 건강을 위해 이런 유전자를 선택하거나 의도적으로 퍼뜨릴 필요가 있다고 주장해. 하지만 인위적으로 유전자를 선택하면 예상치 못한 부작용이 생길 수도 있고, 다양성이 줄어들면서 새로운 질병이나 환경 변화에 취약해질 위험도 커져. 어떤 유전자가 좋은 건지 기준을 세우는 것도 논란거리가 될 수 있지. 과연 질병에 강한 유전자를 선택해 다음 세대를 만드는 건 괜찮을까?

《생물다양성 쫌 아는 10대》

김성호 글, 도아마 그림, 풀빛

《생물다양성 쫌 아는 10대》는 꽃과 나무, 곡식처럼 눈에 보이는 다양성에서 출발해, 그 속에 숨어 있는 유전자 차이와 생태계의 얽힘까지 풀어내며 왜 다양한 것이 지구의 안전벨트가 되는지 알려 주는 책이야. '같음'이라는 편리함 뒤에 감춰진 위험을 짚어 주고, 습지와 숲, 곤충과 새, 씨앗 하나까지 우리의 삶과 어떻게 연결돼 있는지를 생생한 사례로 보여 주지. 읽다 보면 서로 다른 생명이 맞물려 살아가는 방식을 이해하게 될 거야.

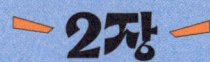

- 2장 -

생물 다양성이 부족하면
나에게도 피해가 돌아와

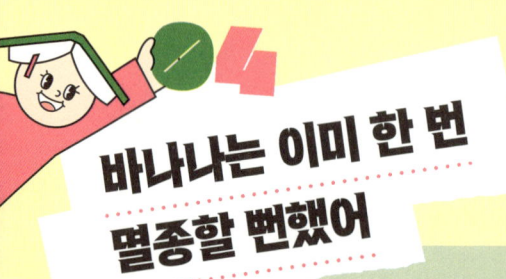

바나나는 이미 한 번
멸종할 뻔했어

바나나 명예의 전당

1950년대
그로 미셸

1960년대
캐번디시

1970년대
캐번디시

1980년대
캐번디시

1990년대
캐번디시

2000년대
캐번디시

혹시 지금 우리가 먹는 바나나가 사실 한 종류뿐이라는 걸 알고 있니? 마트에 가면 바나나가 다 비슷하게 생겼잖아. 하지만 원래는 그렇지 않았어. 예전엔 그로 미셸이라는 **품종**이 세계 시장을 장악하고 있었지. 껍질이 두껍고 맛도 진해서 인기가 많았거든. 한때 전 세계 바나나 수출량의 90% 이상을 차지했을 정도였지.

그런데 1950년대에 바나나 농장을 휩쓴 곰팡이병, 바로 '파나마병' 때문에 그로 미셸이 거의 멸종할 뻔했어. 이 병은 토양에 사는 곰팡이가 옮기는 건데 감염되면 잎이 노랗게 시들다가 결국 말라 죽어. 더 무서운 건 한 번 오염된 토양엔 그 곰팡이가 수십 년 동안 남아 있어서 다시 바나나를 심을 수 없게 된다는 거야. 곰팡이는 농장 사이를 타고 빠르게 번졌고, 결국 중남미 전역의 그로 미셸 농장이 잇따라 무너졌어. 수많은 농장이 파산하면서 바나나 자체가 자취를 감출 뻔했지.

사람들은 위기를 넘기기 위해 다른 품종을 찾아 나섰고, 결국 지금 우리가 먹는 캐번디시 품종을 선택했어. 병에 좀 더 강하고, 저장과 유통에도 적합했거든. 덕분에 바나나는 다시 우리 식탁에 돌아올 수 있었지. 하지만 문제는 캐번디시가 전 세계 바나나 생산량의 대부분을 차지하게 되었다는 거야. 그로 미셸 때처럼 하나의 품종에만 의존하다 보니 만약 새로운 병이나 해충이 나타난다면 다시 한번 멸종 위기가 올 수도 있어. 실제로 요즘에는 'TR4'라는 새로운 **계통**의 파나마병이 퍼지고 있어서, 과학자들이 바짝 긴장하고 있어.

비슷한 일은 커피에도 있었어. 19세기 스리랑카(당시 실론)는 세계적인 커피 원두 산지였는데, 곰팡이성 질병인 '녹병' 때문에 아라비카 커피 농장이 수십 년에 걸쳐 무너졌지. 결국 스리랑카는 커피 대신 차 농업으로 전환할 수밖에 없었어. 하지만 문제는 지금도 세계 커피 생산량의 대부분이 아라비카 품종이라는 거야. 맛과 향은 뛰어나지만 병충해와 기후 변화에 취약해서 커피 농업 전체가 여전히 위험을 안고 있어. 우리가 매일 마시는 아침 커피 한 잔도 사실상 부족한 다양성이라는 허술한 구조 위에 아슬아슬하게 서 있는 셈이야.

이 이야기는 단순히 바나나나 커피만의 문제가 아니야. 한 가지 품종만 심는 '단일 재배'는 농업을 효율적으로 만들지만 다양성이 없으면 병이나 기후 변화로 쉽게 무너질 수 있다는 위험이 있어. 반대로 여러 품종을 함께 키우면 일부가 병들어 피해를 입더라도 나머지가 버틸 수 있지. 마치 여러 개의 안전벨트를 동시에 매고 있는 것처럼 말이야.

1950년대에 그로 미셸이 파나마병으로 거의 사라질 뻔했던 일은 극단적인 사례야. 하지만 이건 단순한 해프닝이 아니라 지금 우리에게 닥칠 수 있는 위험에 대한 경고일지도 몰라. 실제로 우리가 자주 먹는 양식 연어와 닭도 소수 품종만 기르다 보니 질병이 퍼지면 집단 전체가 큰 피해를 입을 수 있어. 그래서 백신이나 항생제에 의존할 수밖에 없고, 이 과정에서 항생제 내성 문제나 환경 오염이 뒤따르지. 결국 다양성이 없는 농축산업은 늘 불안한 기초 위에 서 있는 셈이야. 바나나가 한 번 무너졌던 것처럼 연어나 닭도 언제든 그런 위험에 처할 수 있다는 걸 알아야 해.

 **품종과 계통**

'품종'은 인간이 오랜 시간 선택하고 교배하며 기른 집단을 뜻해. 예를 들어 사과는 종이고 부사나 홍로는 품종이지. 그로 미셸과 캐번디시도 바나나의 품종이야. 한편 파나마병을 일으키는 곰팡이처럼 자연에서 돌연변이나 진화로 갈라져 나온 집단은 '계통'이라고 해. 같은 종이라도 예전의 파나마병과 지금의 TR4처럼 계통이 달라지면 식물 품종이 받는 피해도 달라져. 즉 품종은 인간이 만든 다양성이고, 계통은 자연에서 생겨난 다양성인 셈이지.

지식 확장

그로 미셸, 나 아직 안 죽었다?

그로 미셸이 완전히 멸종한 건 아니야. 파나마병이 퍼지지 않은 일부 지역에서 여전히 소규모로 재배되고 있지. 하지만 곰팡이가 땅속에 오래 살아남아 있어서 예전처럼 대규모로 재배하기는 어려워. 게다가 지금 세계 바나나 시장의 유통 및 저장 체계가 캐번디시 품종에 최적화되어 있어서 다른 품종을 들여오려면 포장 방식부터 운송 온도까지 전부 새로 바꿔야 해. 맛은 뛰어나지만 이런 상황 때문에 그로 미셸이 다시 바나나 세계의 주인공이 되기는 힘들어.

 **토의·토론**

항생제로 물든 양식 연어와 닭, 먹어도 될까?

양식 산업이 발달한 덕에 우리는 값싸고 풍부한 단백질을 안정적으로 얻을 수 있어. 하지만 좁은 공간에 같은 품종을 빽빽하게 몰아 키우다 보니 병이 순식간에 퍼지지. 그래서 병에 걸리기 전에 미리 항생제를 투여해 예방하는 경우도 많아. 문제는 이렇게 쓰고 남은 약물과 항생제를 복용한 생물의 배설물이 바다나 토양으로 흘러들면서 항생제 내성균을 퍼뜨리거나 수질을 오염시킨다는 거야. 그렇다면 우리는 지금처럼 양식에 의존해도 괜찮을까, 아니면 다른 대안을 찾아야 할까?

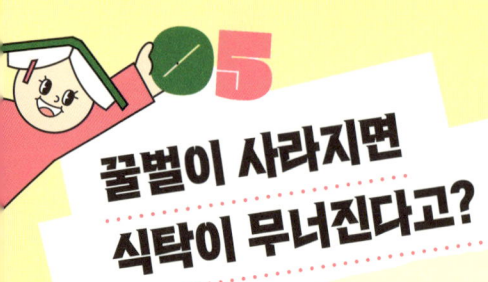

꿀벌이 사라지면
식탁이 무너진다고?

어느 날 마트에 갔는데 사과, 딸기, 수박 같은 과일들이 몽땅 사라져 있으면 어떨 것 같아? 사실 이런 일이 현실이 될 수도 있어. 이 과일들이 제대로 자라려면 꿀벌이 꼭 필요한데 꿀벌 수가 점점 줄고 있거든. 맞아, 꿀벌은 꿀만 만드는 게 아니라 꽃과 꽃 사이를 오가며 꽃가루받이, 즉 **수분**受粉을 해 주는 가장 중요한 일꾼이야.

그런데 전 세계 꿀벌 개체 수가 점점 줄어들고 있어. 특히 미국과 유럽에서는 군집 붕괴 현상이 심각한 문제로 떠올랐어. 이 현상은 벌집 속 여왕벌, 애벌레, 꿀과 꽃가루는 그대로 남아 있는데 벌집을 지키던 일벌들이 갑자기 사라져 돌아오지 않는 게 특징이야. 벌이 사라졌는데 주변에 벌 사체도 거의 발견되지 않아 과학자들을 더 당황하게 만들지. 원인으로는 살충제, 꿀벌을 감염시키고 기생하는 병원체 그리고 기후 변화로 인한 먹이 식물 감소와 서식지 파괴 등이 복합적으로 작용하는 것으로 알려져 있어.

물론 꽃등에나 나비, 나방 같은 다른 곤충들도 꽃가루를 운반해 주긴 하지. 다만 꿀벌은 수천 마리가 집단으로 움직이고, 재배 작물의 개화 시기에 맞춰 이동시키거나 관리할 수 있어서 농업에 특히 많이 쓰인다는 차이가 있어. 그래서 꿀벌의 개체 수가 적어지는 문제를 단순히 다른 수분 곤충으로 대체하여 해결할 수 없는 거야. 꿀벌의 도움 없이는 수분 속도가 급격히 떨어져 작물 생산량이 눈에 띄게 줄어들 수밖에 없어. 실제로 미국 캘리포니아에서는 아몬드 농사를 위해 매년 수백만 마리의 꿀벌을 빌려 와서 쓸 정도거든. 그만큼 경제적으로도 엄청난 영향을 미치는 거지.

사실 박쥐 역시 꿀벌 못지않게 중요한 역할을 해. 박쥐는 단지 밤에 날아다니기만 하는 동물이 아니야. 열대, 아열대 지역에서는 두리안, 용설란 같은 식물의 수분을 돕는 주요한 동물이고 일부 바나나, 망고, 용과 종의 수분도 돕지. 또 박쥐는 모기나 다른 곤충을 잡아먹기 때문에 농작물에 피해를 입히는 해충도 줄여 줘.

그런데 박쥐의 수는 이미 많은 지역에서 큰 폭으로 줄어

친절한 교과 씨 생물 다양성으로 수다 떨다

들고 있어. 그 때문에 과일 수분과 씨앗 확산이 어려워져서 생산량이 줄어들 수 있고, 해충이 늘어나면 농약 사용이 증가할 가능성도 있지. 실제로 멕시코에서 2019년에 진행된 연구에서는 박쥐가 꽃에 접근하지 못하도록 막았더니 과일 무게가 약 46% 감소했고 당도도 13% 낮아진 것으로 나타났어. 박쥐가 밤마다 꽃가루받이와 씨앗 확산을 담당해 왔기 때문에 박쥐 수가 줄어들면 과일 생산 기반 자체가 약해지는 거야. 이러한 변화는 결국 농업 생산과 지역 생태계의 균형을 동시에 흔들 수 있어.

즉 꿀벌이나 박쥐 같은 생물이 사라지는 건 단순히 곤충이나 동물 한 종의 문제가 아니야. 식물, 동물 그리고 인간의 먹거리와 경제까지 줄줄이 흔들릴 수 있는 심각한 사태인 거지. 작은 생물이 사라지면 결국 우리 식탁도 무너질 수 있다는 걸 기억해야 해.

단어 설명 **수분**受粉

'수분'은 꽃의 수술에서 만들어진 꽃가루가 같은 종의 꽃 암술머리로 옮겨 가는 과정이야. 씨앗과 열매가 생기려면 '수정'이 일어나야 하는데 그 출발점이 바로 수분인 셈이지. 방법도 다양한데 벼, 옥수수 같은 곡식류는 바람에 꽃가루를 날려 보내는 '풍매'로, 사과나 딸기는 벌, 나비 같은 곤충이 도와주는 '충매'로 수분이 이루어지고 새가 돕는 '조매', 박쥐가 맡는 '박쥐매', 물에 의한 '수매'도 있어. 심지어 어떤 식물은 꽃 안에서 스스로 수분하기도 하지.

 **지식 확장**

인간이 죽어야 꿀벌이 산다?

사실 꿀벌 수가 줄어드는 가장 큰 원인은 인간이 만들어 낸 환경 변화야. 어떤 농약은 꿀벌의 신경계를 망가뜨려 방향 감각과 기억을 흐리게 하고, 꽃을 찾지 못해 길을 잃게 만들지. 또 인간이 대규모 농업을 위해 꿀벌을 트럭에 실어 수백 km씩 옮기다 보니 그 과정에서 기생충과 바이러스가 전 세계로 더 빨리 퍼지고 있어. 기후 변화로 계절의 리듬이 바뀌면서 꽃이 피는 시기가 어긋나고 도시 개발로 들꽃과 나무의 수가 줄어들면서 꿀벌의 먹이와 서식지도 점점 사라지고 있지.

도시 양봉, 낭만일까, 생태 교란일까?

19세기 중반, 파리의 뤽상부르 공원에 양봉장이 설립되며 도시 양봉의 상징적 거점이 마련되었지. 이후 20세기 후반, 생태적 가치에 주목하는 사람들이 늘었고 현재 파리는 도시 양봉이 성공적으로 널리 정착된 도시가 되었어. 도시 양봉은 환경 교육과 생태계 회복, 지역 공동체 활성화에 도움이 될 수 있기도 하지. 그러나 도심에 벌통의 수가 과도하게 늘어나면 '응애' 같은 해충이나 꿀벌 바이러스가 퍼지기 쉽고, 야생에 사는 다른 수분 곤충과 경쟁하게 되어 도시의 토종 곤충 개체 수가 줄어들 수도 있어. 또 벌 쏘임 사고 등 시민 안전 문제도 무시할 수 없어. 장단점이 뚜렷한 도시 양봉, 장려해도 괜찮을까, 아니면 신중하게 제한해야 할까?

귀찮고 짜증 나지만 모기가 없으면
생태계도 무너져

　몇 년 전, 과학자들은 **유전자 가위** 기술을 이용해 모기의 개체군을 줄이는 실험실 연구를 했어. 유전자 가위는 원하는 유전자를 정밀하게 잘라 내거나 바꿀 수 있는 기술인데, 이를 이용해 암컷의 생식에 꼭 필요한 유전자를 손상시키거나, 병원체를 옮기지 못하도록 만드는 유전자를 퍼뜨린 거지. 이때 활용된 유전자 드라이브Gene Drive는 변형된 유전자가 자손에게 훨씬 높은 확률로 유전되게 만들어서 빠르게 퍼지도록 하는 기술이야. 실제로 케이지 안에서 진행된 연구에서는 모기 집단이 몇 세대 만에 붕괴하는 사례가 관찰되기도 했어.

　하지만 이 기술이 자연 생태계에서도 똑같이 작동할지는 아직 알 수 없어. 그래서 이 연구는 과학계와 사회의 큰 논쟁거리가 되었지. '말라리아 같은 무서운 병을 줄일 수 있다면 인류의 구원이 아니냐'라는 주장과 '한 종을 인위적으로 없애면 생태계 균형이 어떻게 흔들릴지 아무도 모른다'라는 경고가 팽팽히 맞선 거야.

그런데 정말로 모기가 사라진다면 어떤 일이 벌어질까? 먼저 먹이 사슬이 흔들릴 수 있어. 모기 유충은 물속에서 자라며 미꾸라지나 송사리 같은 물고기, 올챙이, 수서 곤충의 단백질 공급원이고 성체 모기는 박새, 제비 같은 작은 새나 박쥐, 잠자리 같은 포식자들의 먹이야. 작은 톱니바퀴 하나만 빠져도 기계 전체가 작동을 멈추듯이 모기가 사라지면 모기를 먹이로 삼던 동물의 개체 수가 줄어들고, 이는 더 큰 포식자들에게까지 연쇄적으로 영향을 미칠 수 있어.

이 문제를 북극으로 가져가면 더욱 흥미로워. 북극의 짧은 여름 동안 툰드라에는 모기가 폭발적으로 늘어나 순록 무리를 괴롭히지. 순록은 모기떼를 피해 이동 경로를 바꾸거나 먹이 활동을 줄이기도 해. 이 과정에서 순록이 머무는 시간이 짧아지면 뜯어 먹는 식물 양이 줄어 툰드라 식생이 회복되고, 반대로 머무는 시간이 길어지면 풀을 과도하게 먹어 식생이 파괴되기도 하지.

그런데 만약 모기가 사라진다면? 모기떼를 피하지 않아도 되니 순록의 이동 경로와 머무는 시간이 달라지고, 툰드라 식생의 분포와 번식 시기까지 모두 바뀔 수도 있다고 해. 또 어떤 모기는 꿀을 먹으며 꽃가루를 옮기는데 북극의 들꽃은 짧은 여름 동안 이런 꿀 먹는 모기의 활동에 의존해 수분을 하기도 해. 모기가 완전히 사라진다면 수분 매개자가 부족해져 북방 난초류 같은 들꽃의 번식률이 떨어지고 식물 군집 구성에도 예상치 못한 변화가 일어날 수 있지.

인간에게 모기가 없는 세상은 편리하고 시원할지도 몰라. 하지만 생태계는 인간의 불편함을 기준으로 움직이지 않아. 유전자 가위 연구 역시 최근에는 '모기를 완전히 없애자'가 아니라, 말라리아나 지카열 등을 옮기는 특정 모기 종만 겨냥해 개체 수를 줄이거나 질병 전파 능력을 없애는 방식으로 바꾸고 있어. 이처럼 생태계 균형을 지키면서 인간의 건강도 지킬 수 있는 방법을 찾는 게 더 중요하다는 거야.

모기는 짜증 나는 해충이지만 한편으로는 생태계를 떠받치는 작은 존재기도 해. 우리가 성급하게 모기를 죄다 없애 버린다면 촘촘한 그물망의 매듭 하나를 억지로 끊었을 때처럼 그 영향이 어디까지 퍼질지 아무도 알 수 없어.

 **유전자 가위**

'유전자 가위'는 DNA에서 특정 부분을 찾아 잘라 내거나 바꾸는 기술이야. 정식 이름은 'CRISPR-Cas9'이고, 세균이 바이러스에 맞서 쓰는 방어 체계를 응용해서 개발했어. 쉽게 말해 DNA가 생물의 설계도라면 유전자 가위는 그 설계도에서 원하는 문장을 찾아 고치거나 지우는 역할을 하지. 이 기술은 농작물 개량, 질병 연구, 유전병 치료 연구에 활용되지만 인간 배아 유전자 조작처럼 윤리적 논란도 있어서 사용 범위를 두고 세계적으로 논의가 이어지고 있어.

💡 지식 확장

알고 보면 위험하기 짝이 없는 놈, 모기

모기는 단순한 해충이 아니라 인류에 가장 큰 피해를 주는 동물이야. 매년 전 세계 약 7억 명 이상이 모기 매개 질환에 감염되고, 이로 인해 70만 명 이상이 목숨을 잃어. 모기는 흡혈할 때 병원체를 옮기기 때문에 물릴 때마다 감염 위험이 생기지. 그중에서도 말라리아는 매년 2억 건 이상 발생하고 약 60만 명이 사망하고 있어. 또 뎅기열은 전 세계 인구의 절반이 위험에 노출돼 있고, 해마다 수억 명이 감염되는 큰 보건 문제야.

유전자 조작, 누가 결정하는 게 좋을까?

한 종의 유전자를 바꾸거나 개체 수를 줄이는 건 단순한 일이 아니야. 생태계 전체에 그 영향력이 미칠뿐더러 미래의 환경까지 바꿀 수 있기 때문이지. 물론 말라리아 같은 치명적인 전염병을 예방할 수 있다는 분명한 이점도 있지만, 예측할 수 없는 위험과 윤리적 논란도 따라오지. 이런 중대한 문제에 관한 결정을 내릴 권한은 누가 가져야 할까? 새로운 기술을 직접 다루는 과학자들일까, 정책과 제도를 만드는 정부일까, 아니면 인류 전체의 목소리를 모을 수 있는 국제 사회일까?

《크리스퍼가 온다》

제니퍼 다우드나, 새뮤얼 스턴버그 지음,
김보은 옮김, 프시케의숲

《크리스퍼가 온다》는 유전자 가위라는 도구가 농작물과 동물 그리고 인간의 삶을 어떻게 바꿀 수 있는지 흥미롭게 풀어 내는 책이야. 병충해에 강한 바나나를 만들거나 말라리아를 줄이려는 연구처럼 놀라운 사례를 통해 과학이 열어 갈 새로운 가능성을 보여 주지. 동시에 '자연을 인간 마음대로 고쳐도 될까?'라는 물음을 던지며 기술 발전의 빛과 그림자를 함께 살펴보게 해. 읽다 보면 과학이 단순한 발명에서 그치는 게 아니라 미래에 대한 우리의 선택과 책임과 연결되어 있다는 걸 깨닫게 될 거야.

3장

서울에 야자수가
자라는 날이
얼마 남지 않았어

이러다 벚꽃도 1월에 피는 거 아냐?

봄에 교정이나 길가에 벚꽃이 흩날릴 때면 '아, 올해는 작년보다 더 빨리 핀 것 같아.' 하고 느낀 적 있지? 사실 이건 단순한 우연이 아니야. 벚꽃은 기후 변화의 속도를 보여 주는 생물 계절 **지표종**으로 '자연의 달력' 같은 존재야.

벚꽃은 겨울 동안 추위를 겪은 뒤 기온이 일정 온도 이상으로 높아지면 바로 꽃을 피우기 때문에 기온 상승에 민감하게 반응하여 개화 시기가 달라져. 그래서 계절 변화를 가장 빠르게 보여 주는 식물로 꼽히지.

최근에는 우리나라뿐 아니라 일본, 중국 등지에서도 벚꽃이 해마다 더 일찍 피고 있어. 미국 워싱턴 D.C.의 왕벚나무는 100년 전보다 개화 시기가 5일 이상 빨라졌고, 중국 상하이와 베이징에서도 지난 30년간 4~6일 정도 빨라졌다는 연구가 있지.

이런 변화를 뒷받침하는 대표적인 자료도 있어. 바로 일본 교토의 벚꽃 개화 기록이야. 이 기록은 무려 1200년 동안 이어져 왔는데, 벚꽃이 언제 피었는지를 연대기처럼 보여 주지. 이 자료를 보면 최근 수십 년 사이에 개화 시기가 급격히 앞당겨졌다는 걸 알 수 있어. 2021년에는 3월 26일에 만개했는데, 이는 1200년 동안의 기록 중 가장 이른 날짜였다고 해. 과학자들은 이런 변화가 단순한 자연 변동이 아니라 기후 변화가 생태계의 시계를 강제로 앞당긴 결과라고 강조하고 있어.

무엇보다 이러한 기후 변화의 영향력은 단순히 벚꽃의 개화 시기를 바꾸는 데서 끝나는 게 아니야. 꽃이 너무 빨리 피면 꿀벌이나 나비 같은 수분 곤충이 활동을 시작하기도 전에 꽃이 질 수도 있어. 반대로 곤충이 먼저 깨어났는데 먹을 꽃이 아직 없을 수도 있지. 실제로 유럽과 북극권 일부 지역에서는 이런 '생물계절학적 불일치Phenological Mismatch' 현상이 이미 관찰되고 있어. 장기 생물 계절 관측 자료에 따르면 버드나무나 자작나무 같은 북극권 식물들 또한 기온 상승에 민감하게 반응해 개화 시기가 점점 앞당겨지는 경향을 보여.

반면 꿀벌이나 호박벌 같은 주요 수분 곤충은 눈이 녹는 시기나 낮의 길이 같은 다른 환경 요인에도 영향을 받기 때문에 활동 시기가 식물의 개화 시기만큼 빨라지지는 않았어. 즉 둘 다 이전보다 앞당겨지긴 했지만 개화 시기가 더 빨라진 탓에 식물과 곤충의 주기가 어긋나기 시작한 거야.

이런 차이가 누적되면 식물의 수분 기회가 줄어들 수밖에 없어. 실제로 핀란드 북부 등 북유럽에서는 개화 시기와 곤충 활동 시기의 차이가 커지자 일부 식물이 열매를 덜 맺는 것이 관찰되었어. 또 곤충의 수가 줄면 그 곤충을 먹이로 삼는 박새, 솔새 같은 작은 새의 번식도 어려워질 거라는 경고도 이어지고 있지.

생물 다양성은 단순히 종의 '종류'만이 아니라 서로의 타이밍과 관계까지 포함하는 개념이야. 꽃과 곤충, 새와 나무가 맞물려 살아가는 리듬이 어긋나면 생태계의 연결망이 끊어지기 시작하지. 결국 벚꽃이 빨리 피는 건 단순한 풍경의 변화가 아니라 생물 다양성을 뒤흔드는 기후 위기의 신호탄일 수 있어.

🖍️ 단어 설명 지표종

'지표종'은 환경 변화를 알려 주는 종을 말해. 어떤 동식물의 존재가 곧 기후나 환경 상태를 보여 주는 거지. 예를 들어 하천에 깔따구 애벌레나 실지렁이가 많으면 물이 오염됐다는 뜻이야. 깨끗한 물에서는 연어처럼 민감한 종도 살아남지. 바다에서는 수온이 뜨거워지면 산호가 하얗게 변해 죽어 버리는 '백화 현상'을 통해 환경 악화를 알 수 있고, 도시에서는 미세 먼지와 대기 오염에 민감한 이끼와 지의류가 대표적인 지표종으로 쓰여.

 **지식 확장**

철새와 개구리도 계절 시계를 따라 움직여

벚꽃만 계절 변화를 알려 주는 건 아니야. 유럽에서는 철새의 도래 시기, 북아메리카에서는 개구리의 울음소리도 주요한 지표로 쓰여. 철새는 날이 따뜻해지면 번식을 위해 북쪽으로 이동하고, 개구리는 겨울이 지나 기온이 오르면 짝짓기를 시작하거든. 그런데 최근에는 철새가 예년보다 일찍 도착했는데 먹이가 되는 애벌레는 아직 활동을 시작하지 않았거나, 개구리가 너무 일찍 산란해 알이 얼어 버리기도 해. 이는 기후 변화가 생태계의 리듬을 어긋나게 한다는 증거로 활용돼.

친절한 교과 씨 생물 다양성으로 수다 떨다

토의 · 토론

기후 위기, 기록은 사치일까, 생존일까?

일본에 벚꽃 기록이 있는 것처럼 우리나라에서도 기상청이 폭염과 열대야 일수를, 국립생물자원관은 철새와 개구리의 생물 계절 변화를 조사해. 또 하천의 실지렁이, 깔따구 애벌레, 바다의 적조와 산호 백화 현상까지 장기적으로 기록되고 있지. 과학자들은 이런 장기 기록이 기후 변화 입증에 필수라고 말하지만 예산과 우선순위를 두고는 '행동이 먼저다'와 '기록 없이는 근거도 없다'라는 주장이 맞서고 있어. 그렇다면 우리는 기록보다는 당장의 행동에 집중해야 할까, 아니면 힘을 조금 나누어서 장기 기록에도 꾸준한 노력을 기울여야 할까?

제주도에서 귤이
안 날 수도 있다고?

　제주도 하면 단연 귤이 먼저 떠오르지? 겨울마다 주황빛 귤밭이 펼쳐진 모습은 제주만의 특별한 풍경이야. 그런데 날씨가 계속 더워진다면 더는 귤이 제주의 특산품이 아니게 될지 몰라.

　귤나무는 겨울에 일정 기간 동안 5℃~13℃ 사이로 서늘한 기온이 유지되는 '냉기 시간'이 있어야 꽃눈이 잘 분화되어서 다음 해에 꽃과 열매를 맺을 수 있어. 그리고 추위에는 약한 편이라 기온이 -5℃ 이하로 내려가면 가지나 잎이 얼어서 동해를 입기도 해. 이런 이유로 제주도 기후가 귤 재배에 적합한 거지.

　그런데 지구 평균 기온이 계속 오르면 냉기 시간이 부족해져서 꽃이 피고 열매가 맺히는 데 문제가 생겨. 실제로 이미 제주에서는 기온 상승과 이상 기후의 영향으로 귤의 수확량과 품질이 전보다 떨어진다는 보고가 나오고 있어. 대신 따뜻한 기후에 잘 적응하는 바나나 파파야 같은 아열대 작물을 심는 경우가 조금씩 늘고 있지. 한때 제주에서만 재배되던 귤이 지금은 전남 해남이나 경남 거제에서도 시험 삼아 재배되는 것처럼 작물의 재배 가능 지역이 북쪽으로 이동하고 있는 셈이야.

제주도에서 귤 대신 바나나를 키우면 더 다양한 과일을 먹을 수 있는 건데 뭐가 문제냐고 생각할 수도 있어. 하지만 이건 그런 단순한 문제가 아니야. 귤은 제주 농업 조수입(경비를 빼지 않은 수입)의 약 25%를 차지하고, 제주 농가의 절반 이상이 귤 재배에 의존하고 있어. 매년 열리는 '서귀포 감귤 축제'나 귤 따기 체험 관광도 지역 경제를 움직이는 중요한 행사야. 그러니 귤 생산이 줄어들면 단순히 과일 한 품목이 사라지는 게 아니라, 지역 경제와 문화가 연쇄적으로 휘청일 수 있어. 게다가 새로운 작물이 귤처럼 제주도를 대표할 수 있는 과일이 되지 못하면 농업 기반이 불안정해지고, 단일 품종에 의존하게 되면 병충해나 기후 충격에도 취약해지지.

이런 변화는 바다에서도 똑같이 벌어지고 있어. 바닷물이 따뜻해지면 크릴 같은 작은 생물들이 북쪽으로 이동하는데

친절한 교과 씨 생물 다양성으로 수다 떨다

이 생물들은 먹이 사슬의 기초라서 멸치, 정어리, 고등어 같은 어류도 크릴을 따라 함께 북상하지. 그 결과 우리나라 앞바다에서도 흔히 잡히던 명태, 대구 같은 한류성 어종이 점점 줄고 있어. 실제로 동해에서는 1980년대 이후 명태 어획량이 급격히 줄어 거의 잡히지 않는 수준이 되었고, 대신 전갱이, 붉바리 같은 난류성 어종이 점점 더 많이 잡힌다고 해. 이는 식탁 변화는 물론이고, 어민 생계에도 직접적인 위협이야.

게다가 이런 현상은 우리나라만의 이야기가 아니야. 전 세계적으로 냉대와 한대 기후에 적응한 생물들은 온난화로 서식지가 좁아지면서 조금씩 멸종 위기에 몰리고 있어. 반대로 열대 생물의 영역은 넓어지는데 이는 기존 생물군이 있던 자리를 대체하는 것일 뿐 새로운 생물이 생겨나는 게 아니기에 다양성은 감소하는 셈이지. 결국 지구 전체 차원에서는 생물 다양성이 줄어들고 생태계가 점점 단조로워지는 위기에 처하는 거야.

귤밭이 바나나밭으로 바뀌는 게 단순한 변화처럼 보일지 몰라도 사실은 기후 위기가 우리의 농업, 어업, 생태계 그리고 문화 전체를 뒤흔들 거라는 경고일 수 있어.

 **단어 설명** **크릴**

'크릴'은 바다에 사는 작은 갑각류야. 겉모양이 새우랑 비슷해서 '크릴새우'라고 부르기도 하는데, 사실은 전혀 다른 무리에 속해. 몸길이는 1~2cm 정도로 작지만 수많은 개체가 모여 거대한 무리를 이루며 바다 먹이 사슬의 기초가 돼. 크릴은 식물 플랑크톤을 먹고 자라며 몸속에 탄소를 저장하는데 그 탄소들은 크릴의 배설물이나 사체와 함께 가라앉아. 그렇게 대기 중 탄소를 깊은 바다로 옮겨 주는 거지. 이런 작용이 지구의 탄소 순환과 기후 조절에도 중요한 역할을 해.

지식 확장

냉기 시간이 왜 필요할까?

사과, 배, 복숭아, 체리 같은 과일나무도 겨울에 일정 기간 추위를 겪어야 봄에 꽃을 피우고 열매를 맺어. 이 과정에서 나무는 섣불리 꽃을 피우지 않도록 휴면 상태에 들어가는데, 충분히 추위를 겪어야만 봄 햇살에 맞춰 활발히 자랄 수 있어. 만약 냉기 시간이 부족하면 휴면이 제대로 풀리지 않아

꽃이 늦게 피거나 열매가 작아져 수확량이 줄어들지. 그런데 지구 온난화로 겨울이 짧아지면 이런 과정이 깨지면서 앞으로 과수 농업이 크게 흔들릴 수 있어.

 **토의·토론**

사라지는 것들을 지켜야 할까, 새로운 것에 적응해야 할까?

기후 변화로 귤이나 명태 같은 자원이 사라진다면 어떻게 해야 할까? 이러한 자원을 지키려는 노력에는 생태계 균형과 지역 경제 및 문화를 보존하고, 고유한 유전 자원을 미래에 남긴다는 의미가 있어. 하지만 기후는 이미 달라지고 있지. 새로운 작물과 어종에 적응하지 않고는 농업과 어업이 더 큰 타격을 받을 수 있을 거야. 게다가 예산과 인력은 한정되어 있으니 선택은 더욱 복잡해져. 이런 상황에서 우리는 사라져 가는 것을 붙잡는 데 힘을 쏟아야 할까, 변화를 받아들이고 새로운 길을 찾아야 할까?

말라 가는 습지와
갈 곳 잃은 철새들

중국 포양호

우포늪

혹시 **습지** 하면 어떤 모습이 떠오르니? 진흙투성이 땅이나 모기가 들끓는 늪처럼 다소 불쾌한 곳을 떠올릴 수도 있어. 하지만 습지는 물과 땅이 만나는 곳이야. 강 하구의 갯벌, 강변의 늪, 호수 주변의 얕은 곳처럼 물이 드나드는 땅이지. 이런 환경 덕분에 습지는 물고기, 개구리, 곤충, 새뿐 아니라 미생물과 수생 식물까지 어우러져 사는 생물 다양성의 보고라고 불려. 홍수가 날 때는 물을 저장해 마을을 지켜 주고, 물을 정화하는 천연 정수기 역할도 하지. 그리고 철새들에게는 장거리 여행 중 꼭 필요한 휴게소 같은 곳이기도 해.

우리나라에도 이런 중요한 습지가 있어. 순천만 갯벌은 수많은 철새가 해마다 찾아오는 중간 기착지고, 경남 창녕의 우포늪은 국내 최대 내륙 습지로 따오기 같은 멸종 위기종이 머무는 곳이지. 또 한강 하구, 인천 송도갯벌도 국제적으로 보호 가치가 높아. 그런데 이런 습지가 빠르게 줄고 있다고 해. 도시를 넓히기 위한 매립과 건물 신축, 논밭을 만들기 위한 간척이나 농경지 전환, 강을 곧게 만드는 하천 정비와 댐 건설 같은 인간 활동 때문이지. 여기에 기후 변화로 해수면이 오르거나 강수 패턴이 달라지는 것도 습지를 위협하고 있어.

이러한 변화는 국경을 넘어서도 이어지고 있어. 한국의 습지는 동아시아-호주 철새 이동 경로EAAF라는 거대한 길 위에 놓여 있거든. 이 길은 러시아의 시베리아 툰드라에서 번식한 새들이 한국과 중국의 갯벌에서 쉬어 가며 먹이를 먹고, 다시 동남아시아와 호주까지 날아가는 경로야. 그래서 한국의 갯벌이 사라지면 우리나라 철새만 줄어드는 게 아니라 22개국을 오가는 철새들의 생존이 함께 위협받는 거야.

실제로 황해 연안에서는 지난 수십 년간 갯벌의 면적이 크게 줄었고, 이에 따라 EAAF 경로를 이용하는 도요새, 물떼새의 개체 수가 감소하고 있어. 예를 들어 붉은가슴도요 같은 먼 거리를 이동하는 새들이 지역 중간 기착지를 잃으면서 체력 회복이 어려워졌다는 연구 결과도 있다고 해. 이런 변화는 한국의 갯벌 보전이 지역을 넘어 국제적 책임이라는 걸 분명히 보여 주지.

이처럼 습지가 줄어들면 철새들은 갈 곳을 잃어. 철새들은 수천 km를 날아오다 이곳에서 먹이를 보충하고 쉬는데 휴게소가 사라지면 중간에 지쳐 쓰러지거나 번식에 실패하지. 실제로 국제자연보전연맹IUCN은 알락꼬리마도요, 큰뒷부리도요 같은 멸종 위기 철새들의 개체 수가 빠르게 줄고 있다고 경고하고 있어.

이런 문제를 막기 위해 세계는 람사르 협약을 맺었어. 1971년 이란 람사르에서 체결된 이 협약은 예전엔 개발 대상으로만 여겨지던 습지를 지구적 차원에서 보존해야 할 터전으로 공식 인정했지. 우리나라도 가입해서 우포늪, 순천만 갯벌, 인천 송도갯벌, 한강 하구 등 여러 습지를 국제적으로 보호하고 있어.

습지가 사라진다는 건 철새만의 문제가 아니야. 곤충, 물고기, 새 그리고 인간까지 이어진 생태계의 연결망이 끊어지는 일이기도 해. 습지는 철새의 쉼터이자 홍수와 가뭄을 막고 깨끗한 물을 돌려주는 생명의 터전이라는 걸 결코 잊지 말아야 해.

 **단어 설명** **습지**

'습지'는 갯벌이나 늪을 모두 포함하는 더 큰 개념이야. 갯벌은 바닷가에서 밀물과 썰물에 따라 드러났다 잠기는 땅이고 늪은 내륙에 물이 고여 만들어진 습지를 말해. 그래서 순천만과 송도갯벌은 갯벌 습지, 우포늪은 내륙 늪 습지라고 부를 수 있지. 결국 습지는 물과 땅이 만나는 모든 공간을 가리키는 말이고, 그 안에 갯벌과 늪 같은 다양한 형태가 들어간다고 이해하면 돼. 또 계절에 따라 물의 양이 달라지고 생물이 드나들기도 해서 매우 다양한 생물의 서식지가 되기도 해.

지식 확장

철새가 만든 국제 조약, 람사르 협약

람사르 협약은 철새 보호와 습지 파괴 방지를 위해 시작된 세계 최초의 습지 보전 국제 협약이야. 지금은 170개국 이상이 참여해 전 세계 2,500곳이 넘는 습지가 '람사르 습지'로 지정돼 있지. 이 협약은 습지를 개발 대상이 아니라 생태계를 지탱하는 터전으로 보는 국제적 약속이라는 점에서 중요해. 또 지정된 습지는 생태 조사, 복원, 환경 교육 같은 국제 협력을 통해 보전 관리 계획을 세우도록 권고받아. 다만 일부 국가는 가입만 하고 실질적인 보전에는 소극적이라는 한계도 있어.

국제 협약, 주권을 제한해도 괜찮을까?

국제 협약은 환경을 보호하기 위해 종종 각국의 개발 권리를 제한해. 예를 들어 보츠와나와 짐바브웨는 코끼리 개체수가 늘어나 농작물 피해가 심각하다고 호소하지만, 멸종 위기에 처한 야생 동식물종의 국제 거래에 관한 협약CITES은 상아 거래를 금지해 이들 국가가 자원을 활용하고 수익을 얻을 기회를 막고 있어. 그 결과 주민들은 피해만 떠안고 국가는 경제적 선택권을 잃게 된다는 불만이 제기되고 있지. 환경 보전이라는 국제적 가치와 각국의 주권적 권리, 과연 어느 쪽에 더 무게를 두어야 할까?

생태계 일원화

우리의 복원

생물 다양성이라고 하면 흔히 동식물의 종류가 얼마나 많은지를 먼저 떠올리지만 사실 그 안에는 세 가지 차원이 있어. 같은 종 안에서 개체마다 특징이 달라지는 유전적 다양성, 한 생태계 안에 얼마나 많은 종이 함께 살고 있는지를 보여 주는 종 다양성 그리고 숲이나 강, 갯벌처럼 서로 다른 서식지가 얼마나 다양하게 연결되어 있는지를 말하는 생태계 다양성이지. 그중 생태계 다양성은 다양한 서식지가 서로 얽혀 있을 때 생명이 얼마나 안정적으로 이어질 수 있는지를 보여 주는 지표야. 이번에는 바로 이 생태계 다양성에 주목해 보려고 해.

생태계는 단순히 여러 종이 모여 사는 공간이 아니야. 숲만 있는 곳보다는 숲 옆에 풀밭이 있고, 그 곁에 하천이 흐르는 곳이 훨씬 더 풍요롭지. 숲에서 열매를 먹던 새가 풀밭에서 곤충을 잡고, 개구리는 물가에서 울며, 그 개구리를 황새가 사냥해. 이렇게 서로 다른 서식지가 이어질 때 생명은 얽히고설키며 안정된 균형을 이루게 되는 거야.

작은 공간에서도 그 원리를 볼 수 있어. 흔하디 흔한 학교 운동장 쓰레기통 주변만 봐도 파리, 개미, 딱정벌레, 거미까지 모여드는 작은 서식 공간이 생겨. 먹이와 숨을 곳이 다양할 때 여러 생명이 공존할 수 있다는 걸 보여 주는 사례라고 할 수 있지.

우리나라에서도 생태계 다양성이 잘 드러나는 곳이 있어. **비무장지대**DMZ는 산, 강, 습지가 어우러져 반달가슴곰, 두루미, 수달, 노루 같은 멸종 위기종이 살아가는 대표적인 생물 다양성의 보고야. 실제로 DMZ와 접경 산지 일대에서는 카메라 트랩에 반달가슴곰이 포착되기도 했고, 긴꼬리산양처럼 북부 산악 지대에 사는 종도 보이곤 하지. 또 한강 하구는 민물과 바닷물이 만나는 기수 지역이라 철새와 갯벌 생물, 물고기가 함께 모여드는 독특한 생태계를 이루고 있어.

한편 유럽 연합EU은 도시 개발로 숲, 습지, 초원 같은 서식지가 급감하자 멸종 위기종을 지키기 위해 'Natura 2000'이라는 생태 네트워크를 만들었어. 유럽 전역의 서식지를 잇고 보호하는 이 사업 덕분에 늑대 같은 대형 포식자들이 자연스럽게 영역을 넓혀 다시 정착하는 흐름도 나타나고 있지.

반대로 서식지가 잘려 나가면 생태계는 빠르게 무너질 수도 있어. 숲과 습지 같은 서식지가 도로, 도시 개발로 조각조각 흩어지면 동물들은 작은 집단으로 고립되고 병이나 환경 변화에 훨씬 더 취약해져 멸종될 위험이 커지지. 실제로 아마존에서는 도로와 목장 개발로 숲이 조각나면서 숲에 살던 새들의 수가 수십 년 사이 절반 가까이 줄었다고 해. 북미 초원에서도 도시화와 외래 병원체인 흑사병으로 인해 서식지가 잘게 쪼개지며 프레리도그 개체 수가 급감했어. 그 결과 이들을 먹이로 삼던 검독수리, 붉은꼬리매 같은 맹금류와 프레리도그의 굴에 서식하는 검은발족제비까지 연쇄적으로 타격을 받았지. 이렇게 연결망이 끊어지면 한두 종만 사라지는 게 아니라 함께 얽혀 있던 먹이 그물 전체가 흔들리게 돼.

결국 생태계의 건강은 종 다양성이 높은 것도 중요하지만, 얼마나 다양한 서식지가 얽혀 있는지에 달려 있어. 복잡하게 연결될수록 위기에도 쉽게 무너지지 않고 오히려 단단해지지. 생태계 다양성은 지구 생명이 오랜 세월 끈질기게 이어져 올 수 있었던 중요한 비밀이야.

 **단어 설명** **비무장지대**DMZ

'비무장지대'는 1953년 한국 전쟁 정전 협정으로 남북한 사이에 만들어진 군사 완충 지대야. 길이 약 248km, 폭 약 4km로 민간인의 출입이 거의 막혀 있어. 그 덕분에 오랫동안 개발되지 않아 멸종 위기종이 살아가는 특별한 생태 보전 구역이 되었지. 특히 산, 강, 습지가 이어진 덕분에 다양한 야생 동물과 식물이 함께 보존되고 있어. 지금은 세계적으로도 보기 드문 '우연히 지켜진 생태계 보고'로 평가받아서 유네스코 세계 자연 유산 등재 논의가 이어지고 있어.

지식 확장

작은 수조 속에서 생태계를 실험하다

과학자들은 '메조코즘 연구'라는 방법을 써서 생태계 다양성의 효과를 직접 확인하기도 해. 메조코즘은 자연을 축소해 만든 작은 생태계 실험실이야. 큰 수조나 온실에 물, 흙, 식물, 곤충, 물고기 등을 넣고, 종 수를 달리하면서 차이를 살펴보는 거지. 이렇게 해 보면 대부분 종이 많은 집단일수록 해충

72   친절한 교과 씨 생물 다양성으로 수다 떨다

이 억제되거나, 물이 더 깨끗하게 유지되는 등 생태계가 훨씬 안정적이라는 결과가 나와. 작은 실험이지만 다양성이 실제로 생태계를 지탱하는 힘이라는 걸 보여 주는 증거라고 할 수 있지.

 **토의·토론**

인공 생태계, 대안일까 착각일까?

최근 들어 도시공원, 옥상 정원, 인공 습지처럼 인간이 만든 생태계가 늘고 있어. 누군가는 이런 공간이 사라져 가는 서식지를 보완하고 생물 다양성을 지키는 방법이라 말하지. 하지만 다른 누군가는 인공 생태계가 자연 생태계의 복잡성과 자율성을 대신할 수 없다고 비판해. 관리가 중단되면 쉽게 무너지고, 지표종이나 생물 다양성 차원에서도 구조가 단순해 불안정하고 취약하다는 지적이 많지. 그렇다면 우리는 인공 생태계라도 적극적으로 늘려야 할까, 아니면 자연을 지키는 데 더 집중해야 할까?

추천 도서

《인류세: 인간의 시대》

최평순, EBS 다큐프라임 〈인류세〉 제작팀 공저, 해나무

《인류세: 인간의 시대》는 벚꽃 개화 시기 변화나 습지의 소멸 같은 사례를 통해 이런 현상이 단순한 자연의 변덕이 아니라 인간 활동이 만든 거대한 흐름임을 보여 주는 책이야. 인간이 지구의 기후와 생태계를 바꿀 만큼 강력한 존재가 되었음을 드러내면서, 앞으로 우리가 어떤 선택을 하느냐에 따라 미래의 자연과 생물 다양성이 달라질 수 있음을 일깨워 주지. 기후 변화와 생태계 파괴를 나와 무관한 일이 아니라 내 삶의 문제로 다시 생각하게 만드는, 꼭 읽어야 할 책이야.

4장

한국이 원산지인 식물인데 권리는 외국인이 가졌었다고?

씨앗에도 사용료가 붙어 있어

　쌀밥을 먹을 때면 우리는 당연히 우리 땅에서 난 쌀일 거라고 생각해. 그런데 사실은 그 씨앗이 다른 나라 품종이던 시기가 있었다면 어떨까? 조금 낯설게 들릴지 모르지만 실제로 있었던 일이야. 생물도 하나의 '자원'으로 다뤄지고 그 속에서 얻은 성분이나 씨앗을 활용할 때는 로열티, 즉 특허 사용료가 붙기도 하거든.

　한국은 한때 일본 벼 품종에 크게 의존했어. 일제 강점기 때부터 일본산 **자포니카** 벼를 대규모로 재배했고 해방 이후에도 농촌에는 그 씨앗이 남아 있었지. 하지만 이런 의존을 줄이고 우리 힘으로 품종을 개발하려는 노력이 이어졌어. 대표적인 사례가 바로 1970년대 초에 개발된 '통일벼'야. **인디카** 벼와 자포니카 벼를 교배해 만든 통일벼는 병충해에 강하고 수확량이 많아서 한동안 한국의 쌀 자급을 가능하게 했어.

우리 힘으로 새로운 품종을 개발할 수 있다는 자신감을 심어 준 전환점이었지.

1990년대 이후 농촌진흥청이 국산 벼 품종 개발을 본격화하면서 '신동진', '삼광' 같은 품종이 잇달아 등장했고, 지금은 우리가 먹는 쌀 대부분이 이런 국산 품종이야. 이렇게 쌀에서는 품종 자립을 이뤄 낸 셈이지.

하지만 모든 작물이 이런 성과를 낸 건 아니야. 고추, 토마토, 파프리카 같은 채소는 이야기가 달라. 실제로 2000년대 중반까지만 해도 우리나라 채소 종자의 약 70%가 일본, 네덜란드, 미국 기업의 품종이었고, 해마다 300~400억 원가량의 종자 사용료를 해외에 지급했어. 수출용 고급 채소도 대부분 외국 품종에 의존했지. 이후 정부와 연구 기관이 국산 품종을 개발하고 보급하면서 외국 품종 의존도를 낮추려는 움직임을 이어가고 있어. 그 결과 고추는 국산 품종 점유율이 70% 이상으로 높아져 사용료 부담이 크게 줄었어. 다만 토마토는 방울토마토나 컬러 토마토 같은 일부 품종에서 여전히 외국산 비중이 높고 파프리카는 지금도 90% 이상이 외국 품종이라 농가들이 매년 씨앗을 사 올 때 사용료를 내야 해.

이런 종자들은 한 번 수확하고 난 뒤 얻은 씨앗을 다시 심

친절한 교과 씨 생물 다양성으로 수다 떨다

으면 성질이 달라져 원하는 품질의 열매가 나오지 않기 때문에 농민들이 매년 새 씨앗을 사야 하는 부담도 있어. 물론 새로운 품종을 개발한 연구자의 노력을 인정하고 보상하는 건 필요해. 하지만 우리가 매일 먹는 채소처럼 익숙한 음식에도 이런 이야기가 숨어 있다는 사실은 새삼스럽지 않아?

씨앗은 단순한 상품이 아니라 오랜 세월 사람과 자연이 함께 만들어 온 생물 다양성의 결과물이야. 몇몇 기업의 품종에 지나치게 의존하면 농업 전체가 소수 품종에 묶여 병충해나 기후 변화에 더 취약해질 수 있어. 그래서 다양한 품종을 보존하고 우리만의 토종 자원을 지켜 나가는 일이 생물 다양성을 지키는 중요한 출발점이기도 하지.

🖊️ 단어 설명 **자포니카와 인디카**

벼는 크게 자포니카 벼와 인디카 벼라는 두 아종으로 나뉘어. 자포니카는 한국, 일본, 중국 동북부 등지에서 재배되며 낱알이 짧고 찰기가 많아 밥이 차지고 윤기가 나지. 반면 인디카는 주로 동남아시아와 남아시아에서 재배되며 낱알이 길고 찰기가 거의 없어 밥이 푸슬푸슬해. 이런 생김새와 식감 차이 때문에 지역마다 선호하는 쌀 품종이 다르고, 둘의 장점을 살려 교배한 품종이 만들어지기도 해.

 **지식 확장**

한 세대만 쓸 수 있는 씨앗, F1 교배종

농가에서 재배하는 작물 가운데는 종자 회사에서 구매하는 'F1 교배종' 씨앗이 많아. F1은 '자손 1세대'라는 뜻으로, 성질이 뚜렷하게 다른 두 부모 식물을 교배해 얻은 첫 세대 씨앗을 말해. 이 씨앗은 부모의 좋은 형질이 한꺼번에 나타나 열매가 크고 수확량이 많지만 한 번 수확한 뒤 얻은 씨앗, 즉 F2 세대를 다시 심으면 부모 형질이 뒤섞여 제각각 자라기 때문에 원하는 품질의 열매가 잘 나오지 않아. 그래서 농민들은 매년 새 씨앗을 사야 하지.

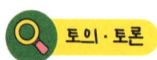 **토의·토론**

생명의 씨앗, 누구의 소유일까?

앞서 살펴본 것처럼 작물 종자에도 특허 사용료가 붙는

친절한 교과 씨 생물 다양성으로 수다 떨다

경우가 많아. 새로운 품종을 만드는 데는 오랜 연구와 자원이 들어가니까 개발자에게 정당한 보상을 주기 위해서야. 이런 제도가 있어야 연구가 계속되고 품질 좋은 작물도 안정적으로 공급될 수 있다고 주장하기도 하지. 하지만 씨앗은 본래 자연에서 온 생명체이기 때문에 누구의 소유로 묶을 수 없다고 말하는 사람도 있어. 한 기업이 씨앗의 권리를 독점하면 농민들이 해마다 비싼 값에 씨앗을 사야 하고 전통 품종이 사라져 생물 다양성이 줄어들 수 있다는 우려도 있고 말이야. 그렇다면 우리는 종자에 대한 권리를 어디까지 인정해야 할까?

크리스마스트리와 '미스김라일락'

원산지는
한국이었는데…

구상나무는 한반도, 특히 한라산과 지리산 등에서 자생하는 고유종이야. 가지 배열이 촘촘하고 나무의 모양이 곧은 게 아름다워서 20세기 초부터 종자가 해외로 반출되었지. 지금은 미국과 유럽의 묘목장에서 대규모로 재배되며 크리스마스 트리로 가장 인기 있는 나무 중 하나가 되었어.

아이러니한 건 이렇게 세계적으로 팔리는 나무가 정작 우리나라에서는 기후 변화와 서식지 파괴로 개체 수가 줄어 환경부 지정 멸종 위기 야생 생물 2급으로 보호받고 있다는 사실이야. 한국에서 발견된 나무가 해외에서 먼저 상업적 가치를 인정받고 널리 재배되고 있는데 정작 우리는 그 자원을 지키는 데 뒤늦게 나선 셈이지.

비슷한 이야기가 미스김라일락에도 있어. 원래 한반도 북부와 중국 동북부가 원산지인데 1940년대에 미국 농학자 엘원 미더가 한국에서 종자를 수집해 갔어. 그는 이 종자를 개량해 'Miss Kim'이라는 이름의 새로운 품종으로 등록하고 보급했지. 이름은 당시 현지에서 종자를 채집할 때 도움을 준 김씨 성을 가진 한국인 여성에게서 따왔다고 전해져. 지금은 세계적으로 유명한 원예종이 되었지만 당시 한국에는 품종 보호 제도나 생물 자원 주권 개념이 없었기에 어떤 권리도 확보하지 못했어. 현재는 보호 기간이 끝나 누구나 재배할 수 있지만 처음부터 미국 기관이 등록해 권리를 가졌다는 점은 분명한 기록으로 남아 있지.

한국 자생 진달래와 철쭉류도 일찍이 해외로 건너가 교배와 개량을 거쳤어. 그 후손으로 영산홍이나 겹산철쭉 같은 원예종이 만들어졌고 일부는 외국에서 정식으로 품종 보호 등록이 되어 외국 육종가(새로운 품종을 만들어 내거나 기존 품종을 개량하는 사람)들이 권리를 가진 사례도 있어.

왜 이런 일이 생겼을까? 그건 바로 국제적으로 정해진 규칙 때문이야. 국제식물신품종보호연맹UPOV에서 전 세계가 공통 규칙을 가지고 신품종을 보호하도록 협약을 만들었고 식물신품종보호제도PVP로 새로운 품종을 개발한 육종가에게 일정 기간 독점적 권리와 사용료를 인정해 주거든. 문제는 어떤 식물이 어느 나라에서 유래했는지와 관계없이 가장 먼저 품종 보호를 신청해 등록한 육종가가 권리를 갖는다는 점이지. 그래서 한반도에서 가져간 구상나무나 라일락이 외국에서 먼저 등록되면 우리 농가나 기업이 그 종을 다시 들여올 때 오히려 사용료를 내야 하는 일이 생길 수 있어.

이런 배경 속에서 등장한 말이 바로 '생물 자원 주권'이야. 한 나라가 스스로 자국의 생물 자원을 지키고 그 이용에 대한 권리를 결정할 수 있어야 한다는 뜻이지. 묘목이나 씨앗은 단순한 생물이 아니라 생물 다양성과 농업, 경제, 문화가 얽힌 국가 자산이기 때문이야.

만약 우리가 스스로 생물 자원을 지키지 못한다면 언젠가 한겨울 거리에 서 있는 크리스마스트리도, 봄에 피는 라일락도 다른 나라나 기업의 허락 없이는 심을 수 없게 될지도 몰라. 결국 생물 다양성 시대의 새로운 과제는 '생명을 지키는 동시에 공정하게 나누는 것'이야. 생명은 모두의 것이지만 그 가치를 키운 노력과 문화는 존중받아야 하니까. 크리스마스트리의 반짝이는 전구 아래에서 우리가 누리는 자연의 아름다움이 누구의 손에서 온 것인지 한 번쯤 떠올려 보면 어떨까?

 **단어 설명** **생물 자원 주권**

어떤 나라의 자생 식물을 다른 나라가 가져가 품종으로 개량해 등록했다면 원래 자원을 제공한 나라가 그 이용 조건과 이익 분배를 정할 수 있어야 해. 이런 권리를 '생물 자원 주권'이라고 해. 이 개념은 씨앗을 지키는 종자 주권보다 더 넓은 범위의 개념이야. 종자 주권이 농업과 식량 안보에 초점을 맞춘다면, 생물 자원 주권은 야생 식물, 동물, 미생물까지 포함한 모든 생물 자원을 다루지. 결국 둘 다 우리 땅의 생물 자원을 스스로 지키고 관리하자는 생각에서 비롯된 거야.

지식 확장

왜 권리를 되찾을 수 없을까?

구상나무나 미스김라일락처럼 오래전에 해외로 반출된 식물들은 지금 그 자손 품종들이 해외에서 신품종으로 등록돼 있어도 원래 자원을 제공한 한국이 이익을 요구할 수 없어. 이런 규칙은 1990년대 이후에야 만들어졌기 때문에 그 이전에 반출된 자원에는 소급 적용되지 않거든. 그래서 '우리 식물인데 왜 우리에게 권리가 없지?' 하는 의문이 생기더라도 이미 등록된 품종에서는 이익을 나누기 어려운 구조야. 지금은 이런 일이 다시 생기지 않도록 새로 반출되는 생물 자원을 국가가 관리하고 있어.

 **토의·토론**

생물 자원, 공유가 우선일까 보호가 우선일까?

우리는 구상나무나 미스김라일락처럼 우리 땅에서 자랐었지만 지금은 다른 나라가 품종 보호권을 가진 식물을 보며 우리 자원을 빼앗겼다고 말하곤 해. 그런데 거꾸로 생각해 보면 선인장, 국화, 딸기처럼 원래 외국에서 온 자원을 한국에서 개량하여 일부 품종에 대해 한국이 품종 보호권을 가진 경우도 있어. 우리도 누군가의 자원을 이용해 온 셈이지. 그러면 생물 자원은 인류 모두의 자산으로 자유롭게 공유해야 할까, 아니면 원산지 국가나 육종가의 권리를 우선해 보호해야 할까?

13

생물 해적 때려잡는 다양성 경찰, 나고야 의정서

옛날 식민지 시대에는 생물 자원을 그냥 빼앗기는 일이 흔했어. 남미의 키나가 대표적인 예지. 원주민들은 예전부터 키나 껍질을 달여 열병을 치료했는데, 여기서 나온 퀴닌이 말라리아 특효약으로 알려지자 유럽 제국주의 열강이 종자를 몰래 반출했어. 식민지에 플랜테이션 방식을 도입해 시장을 독점하면서 이익을 챙겼지만 원래 자원을 지켜 온 원주민들에게는 보상이 전혀 없었지. 지금 기준으로 보면 전형적인 **생물 해적 행위**Biopiracy야.

이런 불평등을 막겠다고 1992년 브라질에서 열린 지구정상회의에서 생물 다양성 협약이 체결됐어. 생물 다양성을 보전하고, 자원을 지속적으로 이용하며, 그 이익은 공정하게 나누자는 세 가지 원칙을 담은 약속이었지. '자연은 모두의 것이니 함께 책임지자'라는 큰 방향을 제시한 거야. 하지만 문제는 이 협약이 선언에 그쳤다는 거야. 실제로 누가, 어떤 절차로 이익을 나눠야 하는지는 규정하지 못했어.

그래서 협약 이후에도 갈등은 계속됐어. 그중 인도의 님나무와 관련된 사건이 가장 유명하지. 님나무는 인도에서 수천 년 동안 아유르베다 전통 의학과 농업에 활용되었어. 잎은 소독약처럼 쓰이고 씨에서 짜낸 기름은 해충을 막는 천연 살충제였지. 그런데 1994년에 미국 농무부 산하 연구자들과 다국적 기업이 님나무 씨앗에서 얻은 아자디라크틴 성분을 이용한 농약에 대해 유럽특허청에 특허를 신청했어. 당연히 인도의 농민과 시민 단체, 환경 단체는 크게 반발했어. '그건 발명이 아니라, 조상 대대로 내려온 지식을 훔쳐 간 것'이라며 유럽특허청에 이의를 제기했고 국제 환경 단체 그린피스도 함께 나서서 '전통 지식의 도둑질'이라고 비판했지. 긴 소송이 이어졌고 2000년이 되어서야 유럽특허청은 해당 특허를 최종 취소했어. 이미 널리 알려진 전통 지식을 단순히 응용한 걸 새로운 발명으로 특허화할 수는 없다는 판단이었지.

비슷한 시기, 인도의 전통 지식을 둘러싼 다른 논란도 터졌어. 강황은 인도에서 오랫동안 상처 치료와 소독에 쓰여 왔는데 미국 연구팀이 '상처 치유 효과'로 특허를 내면서 국제적으로 문제가 됐어. 인도 과학자들은 수백 년 전 의학 문헌을 근거로 삼아 특허를 무효화시켰지. 또 바스마티 쌀은 인도와 파키스탄에서 오랫동안 재배해 온 품종인데 미국 회사가 개량 품종을 '바스마티'라는 똑같은 이름으로 특허 등록하면서 크게 분쟁이 일어나기도 했어.

이런 사건들이 잇따르자 결국 2010년 일본에서 나고야 의정서가 만들어졌어. 나고야 의정서는 생물 다양성 협약이 세운 큰 틀을 실제로 지킬 수 있도록 구체적인 절차를 마련했어. 다른 나라 자원을 쓰고 싶으면 반드시 먼저 그 나라의 허락을 받아야 하고, 얻은 이익을 어떻게 나눌지도 미리 계약해야 해. 연구자나 기업도 먼저 가져다 쓰고 나중에 보상하는 게 아니라 사전에 협의하고 공정하게 공유하는 게 국제 규칙이 된 거지.

작은 씨앗 하나, 약초 한 줌에도 그 땅의 역사와 문화가 담겨 있어. 그러니 생물 다양성 협약과 나고야 의정서는 나와 동떨어진 이야기가 아니라 우리가 어떻게 자연의 선물을 지키고 공정하게 나눌지에 대한 바로 지금의 약속인 거야.

 **생물 해적 행위**Biopiracy

'생물 해적 행위'는 생물 자원과 전통 지식을 무단으로 가져가 이익만 독점하는 행위를 뜻해. 쉽게 말하면 누군가의 비밀 레시피나 노하우를 몰래 베껴 특허를 내는 것과 비슷하지. 과거에는 무력으로 자원을 빼앗았다면 오늘날에는 법과 제도를 교묘하게 이용해 지적 재산권을 독점하는 방식으로 나타나. 생물 해적 행위가 문제인 이유는 해당 자원을 지켜 온 지역 사회에는 보상이나 권리가 돌아가지 않기 때문이야. 이건 단순한 자원 탈취를 넘어 그 땅의 문화와 지식 체계까지 침해하는 행위야.

지식 확장

특허 등록과 사용료

특허가 정식으로 등록되면 발명자는 일정 기간 그 기술이나 아이디어를 독점적으로 쓸 권리를 가져. 다른 사람이 쓰려면 반드시 특허권자에게 허락을 받고 사용료를 내야 하지. 만약 무단으로 사용하면 '특허 침해'가 되어 손해 배상 소송을

당할 수 있어. 문제는 전통 지식을 기반으로 한 발명을 특허로 등록하면 원래 쓰던 사람들조차 돈을 내야 하는 모순이 생기는 거야. 그래서 국제 사회는 이미 알려진 전통 지식은 특허 대상이 될 수 없다는 기준을 정했어.

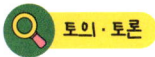 토의·토론

특허권이 우선일까, 자원권이 우선일까?

신약 개발이나 종자 산업에서는 '기업의 연구 성과를 특허로 보호해야 한다'라는 입장과 '원산지 공동체가 지켜 온 자원의 권리를 보장해야 한다'라는 입장이 맞서고 있어. 실제로 세계무역기구WTO의 무역 관련 지식 재산권 협정은 기업의 발명을 국제적으로 강하게 보호하고 나고야 의정서는 자원국의 권리를 강조해 두 협약이 서로 충돌하기도 해. 그렇다면 우리는 기업의 특허권을 우선해 혁신을 장려해야 할까, 아니면 자원국의 권리를 보호해 불평등을 막아야 할까?

《자연과 지식의 약탈자들》

반다나 시바 지음, 한재각 외 5인 옮김, 당대

《자연과 지식의 약탈자들》은 씨앗과 약초, 토양과 숲 같은 생물 자원이 어떻게 특허와 돈의 논리 속에 묶이는지를 날카롭게 지적하며 보여 주는 책이야. 우리는 늘 당연히 누려온 쌀밥, 된장, 약초 뒤에도 사실은 '누구의 것인가?'라는 질문이 숨어 있다는 걸 알게 되지. 저자는 생물 다양성과 전통 지식이 기업의 소유물로 바뀌어 가는 과정을 비판하면서 진짜 공정함은 어디에 있는지 묻고 있어. 씨앗을 지키는 일이 농업만의 문제가 아니라 생명과 문화 그리고 미래의 다양성을 지키는 일이라는 걸 깨닫게 해 주는 책이야.

-5장-

기후 변화는
날씨의 문제만이
아니야

인간도 못 버티는 더위, 동물은?

　여름날 35℃를 훌쩍 넘는 폭염이 이어지면 우리도 금방 지쳐 버리지만 사람은 에어컨을 켜거나 그늘로 피할 수 있어서 어떻게든 버텨 낼 수 있어. 그런데 야생 동물은 그럴 수가 없지. 결국 스스로 견딜 수 있는 한계를 넘어서는 순간에 생존 자체가 위협받는 거야. 생물이 체내의 균형을 유지하며 살아갈 수 있는 온도의 범위가 있는데 이 범위를 벗어나면 체온 조절이 불가능해지고 결국 생리 기능이 무너져 버리지.

　이러한 생존 한계 온도에는 더위에 대한 상한선만 있는 게 아니라 추위에 대한 하한선도 있어. 작은 새가 겨울밤에 체온을 유지하지 못하고 얼어 죽거나 바닷물이 갑자기 차가워져서 새끼 바다거북이 움직이지 못하는 게 바로 그런 경우지. 그래도 지금 우리가 특히 주목해야 하는 건 더위, 즉 상한선 문제야. 생물 종마다 상한선은 다 달라. 어떤 종은 넓은 온도 범위를 견디지만, 어떤 종은 아주 작은 변화에도 크게 흔들려. 땅 위의 기온뿐 아니라 바닷속 수온도 높아지고 있는데 산업화 이전 평균과 비교했을 때, 현재 전 지구 평균 기온은 약 1.1℃ 올랐고 바다 표면 온도도 약 0.8℃ 상승했어. 이 변화는 해양 생물에게 큰 압박이 되고 있지. 열대 바다의 산호는 평상시보다 수온이 몇 도 높아진 상태가 며칠간 지속되면 공생하던 **조류**가 떨어져 나가면서 산호 백화 현상이 나타나는데, 그렇게 산호가 죽으면 그 위에 기대 살던 수많은 해양 생물도 같이 위기에 빠지지.

육지에서도 사정은 비슷해. 호주에서는 여름철 기온이 45℃ 안팎으로 치솟을 때 체구가 작아 수분 손실과 열 방출에 취약한 앵무새와 작은 새들이 집단 폐사한 사례가 보고된 적이 있어. 새들의 체온보다 외부 기온이 높아지니까 열을 밖으로 내보내지 못해서 결국 생존 한계 온도를 넘어선 거지. 극지 역시 예외는 아니야. 추위에 특화된 북극곰은 해빙이 녹으면서 먹이를 찾아 더 오래 헤엄쳐야 하는데 장시간 수영과 에너지 소모로 체온 조절이 어려워지고 탈진 위험이 커.

산호, 작은 새, 북극곰처럼 환경 변화에 민감한 생물들이 먼저 흔들리고 있는 셈이야. 결국 더위는 가장 약한 고리부터 무너뜨리고 있는 거지. 물고기 역시 생존 한계 온도와 맞닥뜨리고 있어. '물고기는 그냥 시원한 바다로 이동하면 되지 않나?' 하고 생각할 수도 있지만 생각만큼 간단하지는 않아. 어떤 지역에서 물고기가 사라지면 그걸 먹이로 삼던 다른 동물은 굶게 되는 데다, 연어처럼 특정 서식지로 반드시 돌아와야 하는 종은 마음대로 떠날 수도 없어. 게다가 어장이 북쪽으로 옮겨 가면서 기존에 그 지역에서 어업을 하던 어민들은 큰 피해를 입고 있지. 실제로 우리나라에서도 오징어나 고등어가 예전보다 더 북쪽에서 잡히는 경우가 많아졌어.

결국 기후 위기는 단순히 더위의 문제로 끝나는 게 아니야. 생물마다 다른 생존 한계 온도가 시험대에 오르고 있고, 더위에 취약한 종이 먼저 무너지면 그 종에 기대 살던 다른 생물들도 줄줄이 흔들릴 수밖에 없어. 동물들이 폭염 속에서 겪는 고통은 곧 생태계의 균열로 이어지고 그 여파는 결국 우리 삶에도 영향을 미치게 되는 거야.

단어 설명 **조류**

'조류'는 바다나 민물에 사는 광합성 생물을 통틀어 부르는 말이야. 식물처럼 빛으로 에너지를 만들지만 뿌리, 줄기, 잎 같은 기관은 없어. 흔히 녹조류, 홍조류, 갈조류 같은 해조류를 떠올리는데 눈에 보이지 않는 미세 조류도 많아. 녹조류에는 파래나 청각 같은 해조류가 있고 홍조류에는 김, 우뭇가사리 같은 식용 해조류가 있어. 갈조류에는 다시마, 미역처럼 큰 해조류가 많지. 규조류는 유리 껍질 같은 세포벽을 지녔고 와편모조류는 적조를 일으키거나 산호와 공생하기도 해.

 **지식 확장**

지구는 원래 더웠다 추웠다 한다고?

지구 기후는 원래 빙하기와 간빙기에 따라 오르락내리락했지만 그 변화는 오랜 기간에 걸쳐 아주 천천히 일어났지. 그런데 지금은 달라. 산업 혁명 이후 지난 100여 년 동안 지구 평균 기온이 약 1.1℃ 상승했지. 과거엔 1000년에 1℃ 정도 변했는데 지금은 한 세기 만에 같은 변화가 일어난 거야. 화석 연료 사용으로 대기 중 이산화탄소 농도가 급격히 늘어난게 주된 원인이야. 그래서 동물과 생태계가 적응할 시간을 거의 갖지 못하고 피해가 더 심각하게 나타나지.

친절한 교과 씨 생물 다양성으로 수다 떨다

탄소 중립, 선진국은 진심일까?

온실가스, 특히 이산화탄소는 발전소, 교통, 난방, 공장 같은 여러 분야에서 배출돼. 많은 선진국이 자국의 배출량을 줄였다며 탄소 중립을 외치는데 실제로는 규제가 느슨하고 노동력이 값싼 나라에 공장을 세워 생산 과정에서 발생하는 탄소를 해외로 떠넘기기도 해. 이 때문에 선진국의 탄소 중립 선언이 겉으로 보이는 것만큼 배출 책임을 공정하게 나눈 결과가 맞냐는 의문이 제기되기도 하지. 탄소 중립 선언은 기후 위기의 해법이 될 수 있을까, 아니면 선진국들의 이중성을 보여 줄 뿐일까?

적응이 종 다양성을 줄일 수도 있다고?

환경에 적응해 살아남으려는 건 생물의 본능이야. 사막의 선인장은 두꺼운 줄기에 물을 저장하고 낙타는 혹에 지방을 모아 두었다가 에너지와 수분으로 바꿔 쓰지. 펭귄은 지방층과 방수 깃털 덕분에 남극의 혹한을 버티고 고산 지대에 사는 새들은 산소가 희박한 공기 속에서도 혈액의 산소 결합력을 높이는 적응을 보여. 이렇게 다양한 적응은 지구 생명의 오랜 진화 역사를 증명하는 멋진 기록이야.

그런데 문제는 기후 변화가 너무 빠르다는 거야. 생물이 보여 주는 적응은 본래 생존을 위한 강점이 맞아. 그러나 특정 환경에 지나치게 특화된 경우에는 다른 조건이 닥쳤을 때 오히려 제약이 될 수 있다는 점이 문제야. 예를 들어 2016년 호주 그레이트 배리어 리프에서는 수온이 급격히 오르면서 고온에 강한 몇몇 산호 종만 살아남고 다른 산호 집단은 백화 현상으로 사라졌어. 숲에서도 마찬가지야. 최근 연구에 따르면 아마존에서는 반복되는 폭염과 가뭄 때문에 가뭄에 강한 종만 살아남고 그로 인해 종 구성이 바뀌면서 숲의 탄소 흡수 능력이 줄어드는 양상이 관측됐어.

물론 예외적으로 어떤 종들은 고온 환경에 놀라울 만큼 잘 적응하기도 해. 온천이나 심해 열수 분출구에는 80℃가 넘는 환경에서 살아가는 **고세균**이 있고 사막의 낙타는 체온을 34~41℃까지 변화시키며 더위와 물 부족을 견뎌. 또 사막 개미나 일부 초파리, 사막 메뚜기 같은 곤충은 열 충격 단백질 발현과 행동적 전략을 결합해 뜨거운 환경에서도 성공적으로 생존하고 있어. 이런 사례는 오랜 세월에 걸쳐 이루어진 진화적 적응의 성과지. 하지만 지금의 기후 변화처럼 수십 년에서 수백 년 단위로 급격히 진행되는 변화 앞에서 종 대부분이 이런 방식으로 버티기는 어렵다는 게 문제야.

이런 한계는 곤충에서도 뚜렷하게 드러나. 꿀벌은 보통 34~35℃ 정도의 안정된 온도에서 활발히 산란하고 38℃ 이상에서는 산란이나 수정률이 낮아질 수 있다고 해. 물론 꿀벌도 고온에 노출되면 열 충격 단백질을 만들어 세포를 지키려 하지만 이런 방어 체계만으로는 번식과 개체군 유지에 생기는 손실을 막기에 한계가 있는 거지. 유럽의 메뚜기 개체군도 고온 조건일 때 알의 부화 성공률이 낮아지고 번식 주기가 흔들릴 수 있다고해. 이런 결과는 단순히 '한 곤충이 살아남느냐 죽느냐'의 문제가 아니라 개체군을 장기적으로 유지할 수 있는 번식 능력 자체가 기후 변화 때문에 무너질 수 있음을 보여 주는 거야.

결국 기후 위기 속에서 적응의 다양성이 오히려 시험대에 오르고 있어. 각기 다른 환경에 맞춰 적응해 온 종들이 살아남는 게 아니라 특정한 조건에 강한 소수만 남아 생태계가 단순화되는 역설이 벌어지는 거지. 그렇게 다양성이 줄어든 세계는 돌발적 사건에 더 취약하고 이는 결국 우리 삶의 안전망도 약해지는 결과로 이어질 수밖에 없어.

단어 설명 고세균

'고세균'은 단세포 생물이지만 세균과는 전혀 다른 무리야. 세포에 핵이 없는데도 유전자의 구조가 동식물을 비롯한 진핵생물에 더 가까워. 특히 고세균은 극한 환경에 잘 적응해. 온천이나 심해 열수구처럼 80℃가 넘는 고온, 소금기가 많은 호수, 강한 산성이나 염기성 환경에서도 살아남아. 세포막이 에테르 결합 지질로 이루어진 특수한 구조라 이런 조건에서도 안정적으로 버틸 수 있지. 그래서 고세균은 원시 생명의 단서로 여겨지며 생명 기원 연구에 중요한 단서가 되고 있어.

 **지식 확장**

단백질의 보디가드, 열 충격 단백질

세포가 뜨거운 환경에 노출되면 단백질이 망가지게 돼. 이때 열 충격 단백질은 변형된 단백질의 모양을 가다듬고 엉겨 붙는 걸 막아 줌으로써 세포가 고온 속에서도 최소한의 기능을 유지하도록 돕지. 이러한 특성을 활용해서 농업에서는 더위나 가뭄에 강한 작물 연구가 진행되고, 의학에서는 암세포가 열 충격 단백질을 많이 만드는 특징을 이용해 치료법을 찾고 있어. 산업 현장에서는 쉽게 망가지는 효소를 안정화하는 데 열 충격 단백질 원리를 적용하려는 시도도 이루어지고 있어.

 **토의·토론**

기후 변화로 사라지는 종, 자연 선택일까, 인간의 책임일까?

지구의 역사에서 수많은 종이 자연 선택에 따라 멸종하고 새로운 종으로 대체됐어. 공룡의 멸종처럼 거대한 사건 뒤에도 지구는 새로운 생명으로 채워졌지. 그렇다면 기후 변화로 적응하지 못하고 사라지는 종들도 자연 선택의 일부로 봐야 할까? 하지만 지금의 기후 변화는 인류 활동이 불러온 인위적 변화라는 점에서 단순히 자연 선택으로 치부하기 어렵다는 반론도 있어. 종의 멸종을 자연스러운 과정으로 받아들여야 할까, 아니면 인류의 책임이니 개입해 막아야 할까?

숲이 좁아지고 강이 마르는데 아파트라고 멀쩡할까?

　숲과 강은 그저 자연 풍경이나 휴양지인 게 아니라 수많은 생명이 기대어 사는 터전이야. 그런데 인간의 개발이나 수자원 사업 때문에 도시는 점점 넓어지고 숲과 강은 자리를 잃어 가고 있어. 높은 건물과 아스팔트로 덮인 땅은 여름이면 뜨겁게 달아올라 열섬 현상을 만들고 공기까지 무겁게 하지. 숲과 강이 맡아 왔던 자연의 완충 작용이 사라지면서 지역 기후는 더욱 나빠지고 있어.

　숲이 줄어든다는 건 단순히 나무 몇 그루가 사라지는 게 아니야. 숲은 곤충, 새, 포유류가 얽혀 살아가는 집이자 생태계의 핵심 축이야. 강도 마찬가지야. 물길이 끊기면 물고기와 수생 곤충이 사라지고 그들을 먹이로 삼는 새와 양서류까지 줄어들지. 이렇게 균형이 무너지면 그 영향이 다른 종으로 번져 나가면서 결국 지역 전체의 생태적 안전망이 붕괴해.

실제로 인류는 숲과 강이 사라질 때 어떤 재앙이 오는지 이미 경험했어. 1930년대 미국 대평원에서는 농경지를 더 늘리기 위해 엄청난 규모의 숲과 초원을 없애고 단일 작물만 심었어. 여기에 극심한 가뭄이 겹치자 흙이 쉽게 바람에 날리게 되었고 거대한 모래 폭풍, 이른바 '더스트 볼'이 발생했지. 농사는 완전히 실패했고 수많은 농가가 파산하거나 서부로 이주해야 했어. 땅을 덮던 풀과 식생이 사라지면서 토양은 더 쉽게 침식됐고 일부 지역에서는 야생 동식물의 서식지가 크게 흔들렸지. 숲과 초원이 사라지면 토양, 기후, 생물 모두가 연쇄적으로 무너질 수 있다는 걸 보여 주는 역사적 사례야.

또 다른 사례로 아랄해가 있어. 1960년대에는 세계에서 네 번째로 큰 내륙 호수였지만 소련 시절 목화를 재배하느라 강물을 농업용수로 빼 쓰면서 호수로 들어가는 물이 줄었어. 그 결과 아랄해 면적 대부분이 사막으로 변했고 수많은 어종이 줄어들거나 사라지면서 어업 공동체는 붕괴하고 말았지. 강의 흐름이 막히면 생태계뿐 아니라 인간 사회까지 타격을 입는다는 걸 보여 준 대표적 사건이야.

한국에서도 비슷한 경고가 이어지고 있어. 낙동강은 2009년 이후 대형 보 설치와 강바닥 준설로 흐름이 느려지자 여름

철 수온 상승과 맞물려 **녹조** 발생이 심해졌어. 이런 변화 속에서 물고기와 수생 곤충의 종 다양성이 줄고 일부 멸종 위기종의 생존이 위협받고 있지. 또 새만금 간척 사업으로 갯벌 면적이 줄어들면서 과거에 철새 수십만 마리가 모이던 공간이 거의 없어졌어. 저어새나 도요새 같은 철새들도 먹이터와 쉼터를 잃고 개체 수가 감소하고 있어.

생태계가 단순해질수록 위기 대응 능력도 약해져. 다양한 나무가 있는 숲은 병충해가 심해도 일부가 살아남아 숲을 유지하지만 몇 종만 남은 숲은 단 한 번의 충격으로도 전체가 무너질 수 있어. 강에서도 다양한 수생 생물이 있어야 물이 스스로 정화되는데 종이 줄어들면 물은 금세 썩어 가지. 결국 이는 인간의 삶에도 직접적인 피해로 돌아와. 더 큰 비용을 들여 물을 정화해야 하는 상황으로 이어지기 때문이야.

도시화와 개발이 숲과 강을 잠식할수록 우리는 편리함을 얻는 대신 생태계 다양성이라는 보이지 않는 보험을 잃어버리는 셈이야. 단기적으로는 문제없어 보여도 장기적으로는 돌발적 질병, 기후 재난, 식량과 물 부족에 훨씬 더 취약한 미래가 다가오고 있어.

'녹조'는 여름철에 강이나 호수의 물빛이 짙은 초록색으로 변하는 현상이야. 주로 시아노박테리아와 같은 남조류가 급격히 번식하면서 생기는데 온도 상승, 물의 흐름 정체, 질소나 인 같은 영양분의 과다 공급이 원인이야. 녹조가 심해지면 물속 산소가 줄어들어 물고기와 수생 곤충이 죽을 수 있고, 어떤 남조류는 마이크로시스틴 같은 독성 물질을 내뿜어 사람과 가축에도 해로워. 결국 물을 정화하는 데 큰 비용이 들고 먹는 물로 쓰기도 위험해지지.

지식 확장

자연이 주는 선물, 생태계 서비스

숲과 강이 우리에게 주는 여러 혜택을 '생태계 서비스'라고 불러. 숲 1헥타르는 연간 수백 명이 숨 쉴 수 있는 양의 산소를 내뿜고 약 18톤의 이산화탄소를 흡수해 기후를 안정시켜. 1헥타르의 습지는 매년 수 톤의 탄소를 땅속에 저장하며 기후 변화를 늦추는 데 기여하지. 강은 홍수를 막고 물을 정화하는 자연 정수기야. 또 숲과 강은 자원과 먹을거리, 쉼과 문화를 제공해. 숲과 강이 없어지면 동식물만 사라지는 게 아니라 우리 삶을 지탱하는 기반 자체가 흔들릴 수 있어.

생태계 복원, 간섭일까, 책임일까?

서울 청계천은 한때 도로 속에 묻혔지만 복원 후 물길이 돌아오자 다양한 생물이 다시 찾아왔어. 인간의 개입이 파괴가 아닌 회복으로도 이어질 수 있음을 보여 주는 사례지. 그런데 최소 개입을 주장하는 쪽은 인공 복원은 자연의 복잡성을 대신할 수 없고 관리가 끊기면 불안정해진다고 말해. 다른쪽은 이미 인간이 파괴한 만큼 적극적으로 개입해야 회복할수 있다고 주장해. 그렇다면 인간은 자연을 그대로 두고 최소한만 간섭해야 할까, 아니면 청계천 복원처럼 적극적으로 개입해야 할까?

《침묵의 봄》

레이첼 카슨 지음, 김은령 옮김, 에코리브르

《침묵의 봄》은 화학 농약, 특히 DDT가 생태계에 어떤 재앙을 불러오는 지를 처음으로 세상에 경고한 책이야. 눈앞의 해충을 없애려는 행동이 어떻게 새의 노래를 빼앗고 땅과 물을 오염시키며, 결국 인간의 건강까지 위협하는지를 과학적 근거와 생생한 사례로 드러내지. 읽다 보면 환경 문제가 단순히 자연의 문제가 아니라 곧 우리의 삶과 안전을 지탱하는 기반이라는 걸 절실히 깨닫게 돼. 이 책은 약 60년 전에 쓰였는데도 기후 변화와 생태계 위기 시대에 여전히 유효한 경고를 던지는 고전이야.

6장

종자가 다양해야
맛깔나는 밥상이 차려지지

숲속 새소리, 강가의 개구리 울음소리나 해변의 게 발자국 같은 익숙한 풍경을 앞으로 몇십 년 안에 거의 볼 수 없게 된다고 상상해 봐. 멸종은 더 이상 공룡처럼 먼 과거 이야기가 아니라 지금 우리 세대가 맞닥뜨린 현실의 문제야. 그렇다면 이런 위기를 누가, 어떻게 기록하고 막아내고 있을까?

전 세계적으로는 국제자연보전연맹IUCN이 대표적이야. 1948년 스위스에서 출범한 이 단체는 정부, 시민 단체, 과학자들이 함께 참여하는 세계 최대 규모의 환경 네트워크야. 유엔과도 협력하고 있고, 160여 개국 수천 개 단체가 회원으로 들어와 있어. 그래서 IUCN은 단순한 학술 모임이 아니라 정책 권고와 현장 보전을 동시에 추진하는 국제적 플랫폼이지.

IUCN이 정리하는 '레드 리스트'는 지구상의 생물이 얼마나 위험한 상태에 놓여 있는지를 단계별로 보여 주는 국제 기준이야. 멸종(EX)부터 위급(CR), 취약(VU)까지 총 9단계로 나누어 생물의 생존 상태를 기록해. 레드 리스트에는 현재 15만 종 이상이 평가되어 있는데, 그중 4만 종 이상이 멸종 위기종으로 분류돼 있다는 사실은 충격적이지.

우리나라에도 제도가 있어. 환경부와 국립생물자원관이 멸종 위기 야생 생물 1급과 2급을 지정해 보호하고 있는데, 1급은 멸종 위기에 처했거나 그럴 가능성이 큰 종, 2급은 가까운 장래에 멸종 위기에 처할 우려가 있는 종을 말해. 저어새, 산양, 수원청개구리 같은 종들이 대표적이지. 이들은 법적으로 보호받고 지방 자치 단체와 시민 단체도 참여하여 서식지 보전 사업과 복원 연구를 진행해.

그럼에도 과학자들은 지금 우리가 지구의 여섯 번째 대멸종기에 들어섰다고 말해. 사실 지구 역사에는 다섯 번의 **대멸종**이 있었어. 고생대 페름기에는 화산 활동과 기후 격변으로 전체 종의 90% 가까이가 사라졌고 중생대 말에는 거대한 운석 충돌로 공룡을 비롯한 75%의 종이 멸종했지. 하지만 그 모든 사건은 수십에서 수백만 년에 걸쳐 일어난 일이야. 지금은 단 100년 남짓한 기간 사이에 과거 대멸종에 필적할 만한 속도의 멸종이 진행되고 있다는 게 문제인 거지. 현재 멸

친절한 교과 씨 생물 다양성으로 수다 떨다

종 속도는 과거 자연적 배경의 멸종률보다 최소 100배, 많게는 1,000배나 빠른 것으로 추정돼. 더구나 이번에는 지질학적 격변이 아닌, 숲을 밀어내고 강을 막고 기후를 바꾼 인류 활동이 직접적인 원인이라는 점에서 전혀 다르다고 봐야 해.

이처럼 지금의 멸종은 그저 특정 지역의 문제를 벗어나서 지구적 차원의 생태계 균형이 무너지고 있다는 신호야. 일부 연구에서는 현 추세가 이어질 경우, 향후 수십 년 안에 알려진 생물의 25%가 사라질 수 있다고 경고해. 이건 단순히 동물원에서 몇몇 동물이 줄어드는 문제가 아니라 생태계 전체가 흔들린다는 뜻이야. 꿀벌이 사라지면 과일과 채소, 곡식까지도 영향을 받듯 작은 곤충과 미생물 하나까지 우리와 연결돼 있거든. 그래서 멸종은 곧 인간의 문제이기도 해.

단어 설명 | 대멸종

'대멸종'은 지구 생명 역사에서 드물게 일어나는 대규모 멸종을 이르는 말이야. 평소에도 종은 서서히 사라지지만 대멸종은 짧은 지질학적 기간에 전체 종의 절반 이상이 한꺼번에 사라지는 게 특징이지. 실제로 지구의 생명사는 다섯 차례의 대멸종을 기록하고 있어. 오르도비스기, 데본기, 페름기, 트라이아스기, 백악기 말에 일어난 사건들은 바다와 육지의 생물을 송두리째 흔들었지. 과학자들은 오늘날 생물 다양성 위기를 단순히 몇몇 종의 사라짐이 아니라 지구 차원의 변화로 이해하려고 해.

지식 확장

레드 리스트 말고 뭐가 더 있을까?

IUCN은 단순히 개별 종의 위험도를 보여 주는 레드 리스트만 운영하는 게 아니야. 예를 들어 적색 목록 지수는 특정 집단의 위험도가 시간이 지나며 어떻게 변하는지 보여 주고, 생태계 레드 리스트는 숲, 초원, 산호초 같은 생태계를 통째로 평가해 위기 단계를 알려 줘. 또 그린 리스트는 보전이 잘 이루어진 국립 공원이나 보호 지역을 인증하여, 성공 사례를 보여 주는 제도야. 이렇게 IUCN은 종, 생태계, 보호 지역 전반을 평가하면서 위기뿐 아니라 회복의 가능성까지 함께 기록하고 있어.

친절한 교과 씨 생물 다양성으로 수다 떨다

멸종 위기종 보호, 협력만으로 충분할까, 강제 규제가 필요할까?

　　IUCN의 레드 리스트는 전 세계 종의 위험 단계를 과학적으로 평가해 알려 주지만 강제성이 없어서 각 나라가 실제로 보호에 나설지는 자율에 맡겨져 있어. 반면 멸종 위기에 처한 야생 동식물종의 국제 거래에 관한 협약CITES은 국제 거래를 규제하는 법적 협약이지만 서식지 파괴나 기후 변화 같은 근본 원인까지 다루지는 못하지. 그렇다면 멸종 위기종 보호를 국가와 단체의 자발적 협력에 맡겨야 할까, 아니면 국제 사회가 강제적 규범을 확대해 종 보전을 의무화해야 할까?

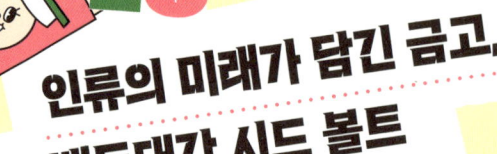

18

인류의 미래가 담긴 금고, 백두대간 시드 볼트

20세기 후반, 세계 곳곳에서 씨앗이 사라지는 걸 보며 위기감을 느낀 과학자가 있었어. 바로 캐리 파울러 박사야. 그는 국제생물다양성연구소에서 활동하며 전쟁이나 기후 재난, 관리 부실로 기존의 **시드 뱅크**가 무너져 수많은 종자가 소실되는 위험을 여러 차례 확인했어. 이런 경험 속에서 그는 '최후의 백업 장치'가 없다면, 인류가 농업의 미래를 잃을 수 있다는 경고를 내놓았던 거야.

여기서 시드 뱅크와 시드 볼트는 비슷해 보이지만 분명한 차이가 있어. 시드 뱅크는 연구소나 기관에서 운영하는 종자 저장고로, 씨앗을 보관하고 품종을 시험, 재배, 관리하는 등의 일을 하지. 하지만 운영 주체가 불안정하거나 전쟁, 재난이 닥치면 쉽게 무너질 위험이 커. 반면 시드 볼트는 말 그대로 금고처럼, 연구와 활용이 아니라 오직 장기 보존에 초점을 둔

시설이야. 혹시 기존 시드 뱅크가 사라져도 시드 볼트의 종자를 꺼내 쓸 수 있도록 설계된 거지.

또 중요한 건 씨앗의 생명력이야. 종자는 종류와 조건에 따라 다르지만 건조하고 저온인 상태에서는 수십 년에서 수백 년, 어떤 경우는 1000년 이상도 살아남을 수 있어. 예컨대 밀과 보리 같은 곡물 씨앗은 영하 환경에서 100년 이상 발아 능력을 유지한 경우도 있어. 이런 특성이 있기에 시드 볼트는 단순한 창고가 아니라 미래의 씨앗 보험이 될 수 있는 거야.

이런 취지에 국제 사회가 공감하면서 노르웨이 정부가 앞장서 북극권 스발바르 제도에 세계 최초의 시드 볼트를 짓기로 했어. 세계작물다양성재단과 유엔식량농업기구가 협력해 2008년 스발바르 시드 볼트가 문을 열었고 지금은 전 세계 100여 개국에서 보낸 100만 개 이상의 씨앗이 그곳 지하 동토 속에 보관돼 있어. 스발바르 시드 볼트가 전 세계의 관심을 받는 이유는 식량의 기반이 되는 주요 농작물 종자를 보존하기 때문이야. 밀, 벼, 보리, 옥수수 같은 곡물과 콩, 감자 같은 작물이 대표적인데. 혹시나 저장소가 파괴되더라도 식량 작물 종자를 복원할 수 있도록 각국의 시드 뱅크가 씨앗을 복제해 시드 볼트에 맡겨 둔 거지. 캐리 파울러의 말대로 지구

식량의 최종 백업 장치라 할 수 있어.

우리나라 역시 2015년 경북 봉화군에 백두대간 글로벌 시드 볼트를 세웠어. 세계적으로 딱 두 곳만 만들자고 공식적으로 합의한 건 아니지만 현재 국제적으로 시드 볼트는 스발바르와 백두대간, 이렇게 두 곳뿐이야. 다만 성격은 조금 달라. 백두대간 시드 볼트는 한국과 아시아의 고유종과 토종 작물에 초점을 맞추고 있어. 지역에서만 자라는 벼 품종, 콩, 나물류 같은 씨앗은 물론이고 멸종 위기에 처한 야생 식물 종자도 함께 보존하지. 스발바르가 전 인류를 위한 식량 안보의 금고라면 백두대간은 특정 지역의 생물 다양성과 토종 유전자 자원의 보험인 셈이야.

이처럼 시드 볼트는 단순히 씨앗을 쌓아 두는 창고가 아니야. 기후 변화와 전염병, 전쟁 같은 위기 속에서 생물 다양성을 지키는 인류 최후의 안전망이자 사라질 뻔한 식물을 되살릴 수 있는 희망의 문이지.

🖍️ **단어 설명** **시드 뱅크**

'시드 뱅크'는 말 그대로 씨앗을 은행처럼 맡겨 두는 저장고야. 각국의 연구소나 대학, 정부 기관이 운영하면서 토종 작물과 주요 식량 작물의 종자를 모아 두고, 필요할 때 꺼내 시험 재배하거나 품종 연구에 활용하지. 전 세계에는 1,700여 개 이상의 시드 뱅크가 존재한다고 해. 우리나라도 여러 기관이 작물 유전자원을 보존하고 있는데, 예컨대 농업유전자원센터, 국립생물자원관, 국립산림과학원 등이 씨앗과 유전자원 일부를 관리하고 있어. 이렇게 지역별로 다양한 시드 뱅크가 있어서 나라마다 자국의 식량 안보와 생물 다양성을 직접 관리할 수 있는 거야.

 **지식 확장**

종자의 수명과 저장 기술

씨앗이라고 다 똑같이 오래 보관되는 건 아니야. 밀, 벼, 보리 같은 작물은 수분을 빼내고 차갑게 얼려 두면 수십 년에서 수백 년 동안 발아 능력을 유지할 수 있어. 하지만 망고, 코코넛, 도토리 같은 씨앗은 건조하면 바로 죽기 때문에 장기간 보관하는 게 거의 불가능하지. 그래서 과학자들은 초저온에서 세포나 배아를 얼려 두는 보존 기술도 연구하고 있어. 이

친절한 교과 씨 생물 다양성으로 수다 떨다

방법을 쓰면 씨앗뿐만 아니라 꽃가루, 조직, 심지어 동물의 정자와 난자까지도 오래 보존할 수 있지.

 **토의·토론**

GMO 종자, 시드 볼트에 보관해야 할까?

스발바르 시드 볼트는 전 세계 씨앗의 백업 장치지만 현재는 유전자 변형 작물GMO 종자를 보관하지 못해. 찬성 측은 GMO는 병충해와 기후 변화에 강해 이미 세계 식량 생산에 필수적이니 미래 식량 안보를 위해 시드 볼트에 포함해야 한다고 주장해. 반대 측은 시드 볼트는 인류가 이어 온 전통적 유전자 자원을 지키는 곳이므로 인위적 변형인 GMO를 보관하면 본래의 취지가 흔들린다고 반박하지. 그렇다면 시드 볼트는 현실적 식량 안보를 우선해야 할까, 아니면 자연적 다양성 보존에 집중해야 할까?

19

종자 보존 없이는 밥상도 황폐화될 거야

신 선 식 품

　마트에 가면 '철원 오대쌀', '이천쌀', '신동진쌀'처럼 지역 이름이나 품종 이름이 붙은 쌀이 진열돼 있어. 언뜻 보면 단순한 브랜드 같지만 사실은 국내 종자의 다양성을 보여 주는 증거야. 같은 쌀이라도 밥맛, 찰기, 윤기, 향이 조금씩 다른데 그 차이는 오랜 시간 지역 농민과 연구자들이 씨앗을 지키고 개량해 온 결과에서 비롯된다는 것, 이젠 알지? 만약 이런 품종들이 몇몇 소수 품종의 씨앗으로만 채워진다면 우리의 밥상은 단조로워지고 위기에도 더욱 취약해질 거야.

　사실 역사를 돌아보면 씨앗의 가치는 훨씬 더 절실했어. 19세기 중반 유럽 아일랜드에서 벌어진 대기근이 감자 품종 한두 가지에만 지나치게 의존했던 탓인 것처럼 말이야. 이 사례는 종자의 다양성이 얼마나 중요한지를 극적으로 보여 줘. 반면 우리나라의 경우, 오랜 세월 동안 각 지역의 기후와 토양, 병해충 환경에 맞게 수많은 토종 씨앗이 발달해 왔어. 흑갱벼, 서리태, 울타리콩, 장단콩처럼 지역마다 다른 품종이 이어져 온 덕분에 전국적으로 거대한 종자 다양성 저장고를 쌓아 올릴 수 있었던 거야. 바로 이 다양성이야말로 위기를 견딜 힘이지.

그런데 요즘 '토종'이라고 하면 종종 작고 초라하거나 개량이 덜 된 씨앗이라고 오해하기도 해. 하지만 실제로는 그 반대야. 토종 씨앗은 오랫동안 특정 지역의 기후, 토양, 병해충에 맞게 자연스럽게 선택되고 적응해 온 씨앗이라 오히려 병충해에 강하고 환경 변화에 잘 버틸 수 있어. 쉽게 말해 지역 맞춤형 최적화 씨앗인 셈이지.

하지만 산업화가 진행되면서 종자 회사가 점차 농민을 밀어내고 씨앗의 주인 자리를 차치하게 되었어. 새로운 품종 개발을 다국적 기업이 주도하게 되었고 농민들은 매년 기업에 돈을 내고 씨앗을 사 와야 하는 구조에 갇혔지. 그 사이 토종 씨앗은 설 자리를 잃었고 세계 농업은 몇몇 거대 기업의 품종에 의존하는 불안한 구조가 되었어.

그래서 지금은 정부 연구소와 대학, 시민 단체가 앞장서서 토종 씨앗을 지키고 있어. 농촌진흥청과 국립농업과학원이 국산 품종을 연구해서 보급하고, 지자체는 지역 특산 씨앗을 복원하려는 노력을 하고 있지. 특히 강동구, 완주, 홍성, 정읍, 청양 등지에서는 씨앗 도서관 운동이 활발해. 주민들이 씨앗을 빌려 심어 수확하고, 이후 채종한 씨앗은 다시 도서관에 돌려 놓는 거지. 책을 빌려 읽고 반납하듯 씨앗도 흙과 농부의 손을 거쳐 살아 있는 유산으로 순환하는 거야.

토종 씨앗은 옛 농사 방식의 상징이기만 한 게 아니야. 병충해에 강하고, 지역 환경에 맞고, 고유의 맛과 향을 지닌 품종이 모두 여기서 나오거든. 게다가 씨앗을 스스로 지켜야 종자 주권도 확보할 수 있어. 만약 외국 기업 품종에만 의존한다면 가격이 오르거나 공급이 막히는 순간 우리의 밥상은 흔들릴 수밖에 없지.

그래서 토종 씨앗을 보존하는 건 과거의 향수를 지키는 일이 아니라 오늘의 밥상과 내일의 식량을 준비하는 일이지. 밥상 위의 쌀알 하나, 고추 한 개, 나물 한 줌이 모두 누군가의 손에서 손으로 이어져 온 씨앗의 선물임을 기억한다면 토종 씨앗 보존은 더 이상 미룰 수 없는 과제라는 게 분명해질 거야.

 **단어 설명** **종자 주권**

'종자 주권'은 한 나라가 스스로 필요한 씨앗을 개발하고 보존하며 자유롭게 쓸 수 있는 권리를 말해. 만약 특정 나라의 농업이 외국 기업이 만든 씨앗에만 의존한다면 그 기업이 가격을 올리거나 공급을 중단했을 때 밥상과 식량 안보가 위협받게 돼. 그래서 종자 주권은 단순히 농업 기술의 문제가 아니라 국민이 안정적으로 밥을 먹을 수 있는 식량 주권과 직결돼. 토종 씨앗을 보존하고 국산 품종을 개발하는 건 바로 이 종자 주권을 지키기 위한 중요한 발판이야.

지식 확장

토종 씨앗이 항상 더 우수할까?

토종 씨앗은 특정 지역의 기후, 토양, 병해충에 오래 적응해 안정적으로 자라는 장점이 있어. 하지만 모든 조건에서 외래 품종보다 뛰어난 건 아니야. 병충해에 강하더라도 수확량이 적을 수 있고 맛이 뛰어나더라도 저장성이 떨어질 수도 있지. 그래서 현대 농업에서는 토종 씨앗의 강점을 지키면서도 수확량이나 품질을 높이는 개량 연구를 함께하고 있어. 결국 중요한 건 '누가 더 우수한가?'가 아니라 다양성을 보존해야 위기에 대응할 힘이 생긴다는 점이야.

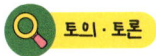

미래 농업, 다양성이냐, 대량 생산이냐

세계 인구가 늘어나고 기후 위기가 심각해지면서 농업은 두 가지 길 앞에 서 있어. 종 다양성을 강조하는 측은 다양한 토종 씨앗을 지켜야 위기가 와도 살아남을 종이 있고 병충해에도 유연하게 대응할 수 있다고 말해. 다른 입장은 밀, 옥수수, 쌀 같은 주요 작물을 집중적으로 개량하고 넓은 면적에 심어야 세계 인구를 먹여 살릴 수 있다고 주장하지. 특히 유전자 변형 작물 기술은 대량 생산 쪽의 대표적 해법으로 꼽혀. 미래의 밥상은 다양성에 더 무게를 두어야 할까, 아니면 대량 생산으로 굶주림 해결에 집중해야 할까?

《토종 씨앗의 역습》

김석기 지음, 들녘

《토종 씨앗의 역습》은 사라져 가는 토종 씨앗이 농부만의 문제가 아니라 우리의 밥상과 생태계, 나아가 식량 주권과 직결된 문제임을 일깨워 주는 책이야. 저자는 편리함과 수익 논리에 밀려난 씨앗들이 사실은 기후 위기 시대에 더욱 중요한 생명의 기반이라는 사실을 구체적인 사례와 치밀한 조사로 드러내지. 읽다 보면 씨앗 하나가 곧 문화이고 역사이며 무엇보다 지속 가능한 미래를 지탱하는 힘이라는 걸 절실히 깨닫게 돼. 이 책은 농업을 넘어 생명과 환경 그리고 우리의 삶을 지키는 데 왜 '토종'이 중요한지 묻는 날카로운 경고이자, 동시에 희망의 메시지야.

-7장-

동물 서식지를 파괴하면 우리 집도 파괴될 수 있어

골프 치고 드라이브하는 동안
파괴되는 서식지

아침 뉴스에서 "새 도로가 완공되어 교통이 편리해졌습니다."라는 보도를 보면 대부분 반가울 거야. 하지만 화면을 조금만 뒤집어 보면 그 도로가 지나간 자리에는 잘려 나간 산과 숲, 쫓겨난 동물들의 터전이 있지. 개발은 편리함과 경제적 이익을 가져오는 동시에 눈에 보이지 않는 생태계의 균형을 무너뜨려.

대표적인 국내 사례가 골프장 개발이야. 1990년대 이후 전국 곳곳의 산과 들이 골프장으로 바뀌었는데 그 과정에서 멸종 위기종의 서식지가 파괴된 경우가 많아. 예컨대 강원도 홍천 구만리 골프장 예정지에서는 삼지구엽초가 발견된 바 있는데 환경 단체들은 보호를 약속한 사업자가 내세운 이식 계획이 제대로 이행되지 않아 일부는 고사한 상태라고 주장했어. 숲이 깎인 자리에 인간들의 레저 공간이 들어서자 오랜 시간 터 잡아 온 생태계의 균형이 쉽게 흔들리는 걸 보여 주는 사례야.

해외에서도 비슷한 일이 있어. 중국의 싼샤댐 건설은 전력 생산과 홍수 조절이라는 장점을 내세웠지만 그 과정에서 양쯔강의 고유종인 양쯔강돌고래가 심각한 멸종 위기를 겪게 되었어. 실제로 2006년 국제 탐사팀이 강 전 구간을 조사했지만 단 한 마리도 발견하지 못했고 이후 많은 과학자가 양쯔강돌고래를 **기능적 멸종** 상태로 평가했지. 이 사건은 인간의 개발이 생태계 전체에 치명적인 파급 효과를 줄 수 있다는 경고로서 국제 사회에 무겁게 남아 있어.

산을 깎아 도로를 낼 때도 피할 수 없는 생태적 피해가 따라와. 1970년에 경부 고속 도로가 개통된 이후, 산림 단절과 도로의 장벽 효과로 인해 멧돼지나 고라니 등 야생 동물이 이동을 방해받고 있다는 지적이 여러 환경 보고서를 통해 제기돼 왔어. 이 동물들이 먹이를 찾거나 이동하려고 도로 위로 올라왔다가 사고를 당하는 경우도 빈번하고 서식지 축소나 단절 때문에 고통을 겪었을 가능성도 배제할 수 없지.

이처럼 개발의 빛과 그림자는 늘 동시에 존재해. 이를 조율하기 위해 만들어진 것이 바로 환경 영향 평가 제도야. 우리나라도 대규모 개발 사업을 시작하기 전에 환경에 미치는 영향을 평가하도록 하고 있지. 다만 문제는 실효성이야. 예를 들어 송도 매립지 일부 구역에는 철새 도래지 기능이 있다는 지적이 있었고, 환경 영향 평가 협의 조건에 조류의 대체 서식지 조성이 포함된 바 있어. 하지만 언론 보도와 주민 및 환경 단체에 따르면 그 대체 서식지가 아직 제대로 기능하고 있지 않다는 우려가 있고 일부 철새들이 서식지 상실의 위협을 받고 있다는 주장도 제기되고 있어.

결국 질문은 여기로 돌아와. 개발과 보존은 어디까지 양립할 수 있을까? 우리가 편리함을 누리는 순간에도 보이지 않는 곳에서 생태계에 '빛'을 쌓고 있다는 사실을 잊지 않는 게 중요해. 지금의 선택이 미래 세대에게 어떤 세상을 물려줄지, 우리가 반드시 고민해야 하는 이유야.

📝 단어 설명 기능적 멸종

'기능적 멸종'은 어떤 종이 완전히 사라진 건 아니지만, 개체 수가 너무 적어 자연에서 스스로 살아남고 종을 이어 갈 가능성이 사실상 없는 상태를 말해. 겉보기에는 몇 마리가 남아 있어도, 실제로는 짝을 만나 번식하기 어렵고 유전적 다양성이 부족해 세대를 이어 가기 힘들지. 그래서 기능적 멸종은 단순히 숫자가 줄었다는 말이라기보다 생태계의 균형이 무너지고 복원이 거의 불가능해졌음을 알리는 중요한 경고 신호라고 할 수 있어.

지식 확장

양쯔강돌고래, 살릴 방법은 없었을까?

양쯔강돌고래는 기능적 멸종 선언 이전부터 보전 노력이 있었어. 중국 정부는 양쯔강 일부 구간을 보호 구역으로 지정했고, 톈어저우天鵝洲 같은 호수를 활용해 반半자연 보존 방식도 시도했지. 이곳은 원래 강이 굽이치다 끊겨 생긴 곡류호로, 물길이 고립된 공간이라 실험적 보전 장소로 선택된 거야. 국제 연구자들도 인공 번식을 시도해 봤지만 남은 개체 수가 너무 적어 기대만큼의 성공은 거두지 못했어. 결국 돌고래를 회복시키진 못했지만 이 시도들은 보전 전략의 한계와 보전 타이밍의 중요성을 깨닫게 하는 사례로 남아 있어.

골프장 개발, 지역 경제냐, 생태계 보존이냐?

1990년대 이후 전국 곳곳에 골프장이 우후죽순으로 생기면서 지역 경제 활성화와 관광 산업 발전을 기대하는 목소리가 커졌어. 여기에는 일자리 창출과 세수 확대는 물론 사유지 소유자가 개발할 권리도 존중해야 한다는 찬성 논거가 있어. 하지만 반대 측은 건설 과정에서 숲과 멸종 위기종 서식지가 사라지고 물과 농약 사용이 늘어나 환경 오염이 심각해진다고 지적하지. 그렇다면 골프장 개발을 재산권과 경제적 이익을 위해 필요한 투자로 인정해야 할까, 아니면 생태계 보존을 위해 제한해야 할까?

촘촘한 생태계 사슬이 깨어지면 돌이킬 수 없어

생태계는 수많은 생물이 서로 얽히고설킨 사슬처럼 이어져 있어. 그래서 한 종이 줄어들거나 사라지면 그 빈자리가 도미노처럼 다른 생물들에게 영향을 미치고 때로는 되돌릴 수 없을 만큼 큰 연쇄 반응을 일으키지. '나 하나쯤 괜찮겠지?'라는 말이 통하지 않는 이유도 바로 이 연결망이 끊어지면 결국 생태계 전체가 흔들리기 때문이야.

대표적인 사례가 바로 해파리 대발생이야. 본래 바다 생태계는 상위 포식자들이 먹이망의 균형을 유지해 주었지만 사람들의 과도한 남획으로 대형 어류가 크게 줄면서 먹이 관계가 흔들렸어. 여기에 연안 개발과 오염이 겹쳤지. 특히 육지에서 흘러든 비료와 하수 속 영양 염류는 육지에서는 식물의 양분이지만 바다로 들어가면 과잉 영양분으로 오염 물질이 돼. 이에 따라 부영양화가 일어나 플랑크톤이 폭발적으로 늘어나면서 해파리의 먹이 자원이 많아졌어. 또 해파리는 저 산소 환경에 강하고 인공 구조물에 쉽게 붙어 번식할 수 있어 다른 해양 생물들이 힘들어하는 조건에서 오히려 번성하기 유리했지. 이렇게 여러 요인이 겹치면서 해파리가 대량으로 발생했고, 실제로 2013년 스웨덴 오스카슈나 원전에서는 해파리 떼가 냉각수 유입구를 막아 가동이 중단되는 사고가 일어나기도 했어. 이처럼 한 종의 급격한 증가는 생태 사슬에 생긴 작은 균열이 바다의 균형과 인간 사회에까지 영향을 미칠 수 있음을 보여 주는 사례야.

비슷한 일이 북태평양 연안에서도 벌어졌어. 18~19세기 모피 무역으로 인해 수많은 해달이 사냥당했는데, 해달은 성게의 대표적인 천적이었어. 해달이 줄자 성게 개체 수가 급격히 늘어나 바닷속 켈프 숲을 심하게 갉아먹었지. 그 결과 울창했던 숲이 쇠퇴하면서 일부 물고기와 해양 생물의 서식지가 줄어들었어. 연구자들은 이를 통해 해달이 성게 개체를 조절하며 켈프 숲을 지탱하는 **핵심종** 역할을 한다는 걸 확인했어. 작은 포식자 하나의 부재도 생태계 전반에 큰 변화를 불러올 수 있다는 점을 알 수 있는 사례였지.

육지에서도 비슷한 일이 있었어. 미국 옐로스톤 국립 공원에서는 가축을 해친다는 이유로 19세기 후반부터 늑대를 조직적으로 사냥했고 정부가 포획 장려금까지 걸면서 부추긴 탓에 1926년이 되자 결국 늑대가 완전히 사라졌어. 그러자 늑대라는 위협이 없어진 엘크의 수가 급격히 늘어나 강가의 버드나무와 관목들이 심하게 훼손됐고, 그 결과 새와 비버 같은 종의 수는 줄어들었지. 일부 강 주변 식생이 무너지면서 하천 형태에도 변화가 생겼다고 해. 하지만 1995년, 다시 늑대를 방사하자 엘크 개체 수가 조절되고 버드나무 숲이 되살아나면서 새와 비버도 돌아오기 시작했어. 강 주변 생태계가 서서히 균형을 회복한 거지. 이 사례도 포식자가 생태계 전체의 구조와 기능을 떠받치는 핵심종임을 보여 주는 대표적 사건으로 널리 알려져 있어.

이 사례들이 말해 주는 건 단순해. 한 종의 사라짐은 결코 그 종만의 문제가 아니야. 작은 균열이 곧 거대한 붕괴로 이어질 수 있지. 그래서 생물 다양성을 지키는 일은 단순한 보존 활동이 아니라, 우리가 의존해 살아가는 삶의 기반을 유지하는 일이야. 생태계의 연결망을 잃는 순간, 그 대가는 결국 우리 모두에게 돌아온다는 사실을 기억해야 해.

 **핵심종**

    '핵심종'은 개체 수가 많지 않아도 생태계의 질서를 유지하는 데 결정적 역할을 하는 종을 말해. 이들이 사라지면 다른 생물들이 줄줄이 영향을 받아 생태계 전체가 크게 흔들릴 수 있어. 예를 들어 조간대에서 홍합의 번식을 억제해 종 다양성을 지키는 별불가사리, 아프리카 사바나에서 초식 동물 개체 수를 조절하는 사자처럼 특정 종의 존재가 생태계 전체의 안정성을 떠받치는 경우가 많아. 그래서 핵심종은 생태계의 기둥이자 다양성을 지탱하는 연결 고리로 주목받고 있어.

지식 확장

핵심종만이 답일까?

    생태계에서는 균형을 지탱하는 방식이 종마다 달라. '핵심종'은 개체 수가 적어도 전체 구조를 좌우하지만 '지배종'은 숲의 참나무처럼 개체 수와 크기에서 압도하며 그 자체로 환경을 결정해. 또 '기초종'은 산호나 맹그로브처럼 다른 생물이 살아갈 터전을 만들어 주지. 예를 들어 산호는 수많은 물고기와 무척추동물의 집이 되고 맹그로브 숲은 물새와 게, 물고기들이 함께 의존하는 공간이 돼. 이처럼 종마다 다른 역할이 어우러질 때 비로소 생태계가 온전히 유지될 수 있어.

 **토의·토론**

도시의 포식자, 함께 살아야 할까, 쫓아내야 할까?

도시에서 길고양이, 까마귀, 비둘기 같은 동물들은 사람과 가까이 살다 보니 항상 논란의 대상이 돼. 쓰레기봉투를 뒤지거나 소음을 내고 전염병을 옮길 수 있다는 이유로 관리나 퇴치를 주장하기도 하지. 반대로 이들이 쥐나 곤충 같은 해충을 조절해 주는 '도시 포식자'로서의 역할을 하며 도심 생태계의 균형을 지탱한다는 주장도 있어. 도시 속 포식자들은 불편과 위험을 줄이기 위해 몰아내야 할 존재일까, 아니면 함께 공존하며 관리해야 할 소중한 이웃일까?

단절된 생태계를 잇는 접착제, 생태 통로

　도시가 커지고 도로와 철도가 늘어나면서 숲과 강은 더이상 하나의 공간이 아니게 됐어. 사람에게는 편리한 길이 동물에게는 커다란 벽이 돼 버린 거야. 이런 걸 '서식지 단편화'라고 해. 한때는 자유롭게 이동하던 동물들이 먹이나 짝짓기 상대를 찾아다니지 못하고 고립되거나 도로를 건너다 사고를 당하기도 하지. 실제로 우리나라에서도 매년 수많은 로드킬이 일어나고 노루나 고라니, 삵 같은 야생 동물이 피해를 입고 있어. 이런 문제는 동물의 생명뿐 아니라 운전자의 안전과도 관련이 있지.

　그래서 과학자들과 환경 단체는 끊어진 서식지를 이어 줄 방법을 고안했어. 바로 '생태 통로'야. 생태 통로는 동물이 안전하게 오갈 수 있도록 도로나 철도 위아래에 만든 길이야. 풀과 나무를 심어서 숲처럼 꾸미기도 하지. 길만 낸 게 아니라 서로 떨어진 숲 사이에 **유전자 흐름**Gene Flow이 이어지고 동물 무리가 다시 만나 번식할 수 있게 돕는 역할을 해. 그래서 생태 통로는 생태계의 혈관이라고도 불려.

캐나다의 밴프 국립 공원은 생태 통로 조성의 대표적인 성공 사례로 꼽혀. 국립 공원을 가로지르는 트랜스 캐나다 고속 도로에서 야생 동물과 차량이 자주 충돌하게 되자, 도로 양쪽에 울타리를 세우고 육교와 지하 통로를 함께 만들었대. 지금은 40개가 넘는 통로가 운영되고 있고 곰이나 엘크, 늑대 같은 대형 동물도 자주 이용한다고 알려져 있어. 이런 조치 이후 사고가 크게 줄었다는 조사 결과도 있었지. 특히 통로 위에 흙과 식물을 덮어서 주변 숲과 자연스럽게 이어지게 만든 게 효과적이었다고 해.

네덜란드도 생태 통로 설계로 유명해. 나라 곳곳에 에코덕트라는 이름의 생태 통로가 설치돼 있고, 그중에는 길이가 약 800m에 이르는 긴 다리도 있어. 사슴이나 여우, 멧돼지 같은 야생 동물이 이 다리를 실제로 이용하는 장면이 카메라에 자주 찍힌대. 네덜란드는 한두 곳의 다리를 만드는 걸 넘어서서 숲과 숲을 연결하는 녹지 네트워크 전체를 설계해서 자연이 다시 이어질 수 있도록 장기적인 계획을 세웠어.

친절한 교과 씨 생물 다양성으로 수다 떨다

우리나라에서도 생태 통로가 조금씩 늘고 있어. 환경부 자료에 따르면 도로나 철도 위아래에 설치된 생태 통로가 500곳 안팎인 걸로 알려져 있어. 경부 고속 도로나 수도권 외곽 고속 도로 그리고 일부 국립 공원 주변에도 동물들이 안전하게 이동할 수 있는 길이 마련돼 있지. 다만 어떤 곳은 관리가 부족하거나 동물이 자주 이용하지 않기도 해. 그래서 요즘에는 통로에 감시 카메라나 발자국 센서를 설치해서 이용 현황을 조사하고 동물이 잘 다닐 수 있도록 주변 숲의 구조를 함께 바꾸는 시도도 이어지고 있어.

이런 사례들이 보여 주는 건 분명해. 생태계의 건강은 단순히 '종이 얼마나 많은가?'로만 정해지지 않아. 그보다 서식지들이 얼마나 잘 이어져 있는가, 즉 생명들이 오가며 연결되어 있느냐가 중요하지. 길 하나가 숲을 가를 수도 있지만 잘 설계된 통로 하나가 수많은 생명의 연결망을 되살릴 수도 있어. 생태 통로는 결국 인간이 만든 길을 다시 자연의 길로 돌려놓는 다리야. 우리가 그 다리를 얼마나 잘 지키느냐가 사람과 자연이 함께 살아갈 수 있는 미래를 결정하게 될 거야.

단어 설명 **유전자 흐름** Gene Flow

'유전자 흐름'은 생물이 한 집단에서 다른 집단으로 이동하면서 유전자가 섞이는 현상을 말해. 같은 종이라도 서로 떨어져 살면 시간이 지나면서 유전적 차이가 커질 수 있는데 개체들이 오가며 교배하면 유전자가 섞여 다양성이 유지돼. 이 흐름이 막히면 근친 교배로 인해 건강한 개체가 줄고 환경 변화에 적응하기 어려워질 수도 있어. 그래서 유전자 흐름은 종이 고립되지 않고 세대를 이어 가며 진화할 수 있게 하여 생태계의 순환과 생명의 연속성을 지탱하는 중요한 현상이야.

지식 확장

서식지 단편화, 생태계의 구조를 바꾸는 보이지 않는 힘

생물들의 서식 공간이 조각나면 생태계의 구조와 흐름 자체가 달라져. 작은 숲 조각은 빛과 바람이 더 쉽게 스며들어 온도와 습도가 바뀌고, 그 결과 숲의 가장자리에는 건조한 환경에 강한 식물만 남게 되지. 이런 '가장자리 효과' 때문에 숲 안쪽의 서늘한 환경에 의존하던 곤충이나 새가 점점 줄어드는 거야. 또 동물이 이동하지 못하면 먹이 사슬이 끊기고 생태계의 균형도 약해져. 그래서 생태학자들은 서식지를 넓히는 것만큼이나 조각난 공간을 잇는 일이 중요하다고 말해.

 **토의·토론**

생태 통로 설치, 어디까지 해야 할까?

고속 도로와 철도는 사람에게 꼭 필요한 길이야. 그러나 야생 동물에게는 생명을 위협하는 장벽이 되기도 해. 로드킬이 늘어나자 도로 곳곳에 생태 통로가 설치되고 있지만 설치와 유지에는 많은 예산이 들지. 그래서 어떤 사람들은 모든 도로에 생태 통로를 의무적으로 만들어야 한다고 말하고 또 어떤 사람들은 비용과 효율을 고려해 꼭 필요한 곳에만 설치해야 한다고 주장해. 그렇다면 우리는 생태 통로를 효율적으로 설치해야 할까, 아니면 생명을 위해서 추가 비용을 감수해야 할까?

《동물을 위한 정의》

마사 누스바움 지음, 이영래 옮김, 알레

《동물을 위한 정의》는 철학자 마사 누스바움이 인간 중심적 사고를 넘어 동물의 권리와 번영을 정의의 문제로 바라본 책이야. 저자는 동물이 단순히 보호 대상이 아니라 스스로의 삶을 누릴 권리를 가진 '주체'임을 강조하지. 농장, 실험, 야생 동물 등 다양한 사례를 통해 인간 사회가 동물을 대하는 방식을 비판적으로 돌아보게 하고 생태계 보전을 함께 번영하기 위한 사회적 책임으로 확장해서 보여 주는 점이 인상적이라고 할 수 있어. 개발과 편리함 사이에서 생명의 가치를 다시 묻는 책이야.

8장

생물 다양성을 지키고
우리의 미래도 지키자

마구잡이식 남획은 이제 그만

　사람이 먹고살기 위해 사냥과 어획을 해 온 건 자연스러운 일이야. 하지만 산업이 커지고 기술이 발전하면서 생존이 아니라 거래를 위한 사냥이 시작됐어. 냉동선, 어군 탐지기, 대형 어선이 등장하자 사람들은 바다 한가운데서도 손쉽게 먹잇감을 찾아냈고 자연이 회복할 틈도 없이 포획이 이어졌지. 이제는 생태계가 스스로 회복하는 속도보다 인간이 빼앗는 속도가 훨씬 빨라진 거야.

　문제는 이런 남획이 세계 시장의 구조와도 연결되어 있다는 거야. 도시의 수요에 맞춰 생선과 고기를 값싸게 공급하려고 물고기를 남획하는 국가들이 점점 늘어났어. 그러다 보니 지금 최대한 많이 잡지 않으면 남은 건 다른 나라가 쓸어 갈 거라는 불안감 때문에 어획량 경쟁에 불이 붙었지. 그동안 바다는 마치 저절로 채워지는 마법의 창고처럼 여겨졌어. 하지만 생명은 생산품이 아니야. 자원은 회복할 시간과 공간이 있어야 유지돼.

19세기 북아메리카 대평원에는 수천만 마리의 아메리카들소가 살았대. 그런데 철도와 총기가 보급되자 사람들은 사냥을 산업처럼 여겼고 가죽과 고기를 팔기 위해 무리 지어 사냥했어. 19세기 후반이 되자 한때 초원을 가득 메우던 아메리카들소는 극소수만 남았고 그제야 보호가 시작됐지.

바다의 사정도 다르지 않았어. 18~19세기엔 **고래기름**이 등불과 공업용으로 쓰이며 '바다의 석유'로 불렸대. 그렇게 남극과 북태평양 일대에서 포경 산업이 급격히 성장하면서 혹등고래, 대왕고래 같은 대형 고래들은 멸종 직전까지 몰렸어. 국제포경위원회가 1986년에 상업 포경을 금지했지만 이미 많은 종이 사라진 뒤였지. 일부 연구에서는 고래 개체 수가 줄면서 바다의 영양 순환 구조에도 변화가 나타났다고 해. 고래가 포식자이면서 동시에 바다의 순환을 유지하는 존재였기 때문이야.

20세기 중반, 캐나다 뉴펀들랜드 앞바다의 대서양 대구도 '무한 자원'으로 여겨졌어. 고성능 어선과 어군 탐지기가 보급되면서 연간 수백만 톤 가까이 잡아들였지. 하지만 산란할 개체가 줄어들자 어획량은 급격히 떨어졌고, 결국 1992년 캐나다 정부는 대구잡이를 전면 금지했어. 수많은 어부가 일자리를 잃었고 해양 생태계의 먹이 사슬도 무너졌지. 지금까지도 대구 개체 수는 완전히 회복되지 않았고 일부 지역에서만 제한적으로 어획이 재개될 정도야.

육지의 아메리카들소, 바다의 고래 그리고 대구까지, 서로 다른 시대와 장소의 이야기지만 모두 같은 교훈을 남겼어. 인간이 자연의 회복 속도를 무시하고 자연에 균열을 내면 결국 인간 사회도 그 균열 때문에 흔들리게 돼. 그래서 요즘 과학자들은 단순히 '남획을 줄이자'가 아니라 자연의 회복 주기를 설계에 포함하는 어업과 생태 관리를 제안해. 바다의 생산성을 유지하려면 자연이 회복할 틈을 주는 것이야말로 가장 과학적인 방법이야.

✏️ 단어 설명 고래기름

'고래기름'은 고래의 지방층을 녹여 얻은 기름으로 18~19세기에는 등불 연료, 비누, 화장품, 윤활유, 방수제 등 여러 산업에 쓰였어. 한 마리의 대형 고래에서 얻은 기름만으로도 도시 수백 가구의 조명을 몇 달씩 밝힐 수 있었대. 하지만 당시 고래기름 약 3.8L의 값이 노동자 하루 품삯과 맞먹을 정도였지. 고래기름은 산업혁명 초기의 주요 에너지이자 수출품이었고 그 이익을 좇아 포경 산업이 급속히 확산했어. 이후 석유와 식물성 기름, 합성 윤활유가 등장하면서 고래기름의 자리는 점차 사라졌지.

 **지식 확장**

고래, 바다의 순환을 움직이는 거대한 펌프

고래는 단순한 포식자가 아니야. 깊은 바다에서 먹이를 먹고 수면 가까이 떠올라 배설하면서 질소나 철분 같은 영양분을 위쪽으로 끌어올리지. 이를 '고래 펌프'라고 해. 이렇게 고래가 만들어 낸 영양분 덕분에 플랑크톤이 잘 자라고 바다의 먹이 사슬이 유지되는 거야. 하지만 고래가 적어지면 이 순환이 약해지고 바다의 생산성도 떨어질 수 있어. 그래서 과학자들은 고래를 바다의 비료 공장이자 해양 생태계의 순환 엔진이라고 부르기도 하지.

친절한 교과 씨 생물 다양성으로 수다 떨다

다이지 돌고래 사냥, 전통일까, 잔혹일까?

일본 와카야마현 다이지 마을에서는 지금도 매년 9월부터 3월까지 돌고래를 몰아 잡는 돌고래 사냥이 이어지고 있어. 마을 사람들은 수백 년 전부터 이어 온 전통 어업이라 말하지만 국제 사회에서는 잔혹한 관행이라며 비판하지. 일부 돌고래는 식용으로 쓰이고 일부는 수족관으로 팔려 나가며 많은 개체가 고통을 겪는다고 해. 우리는 이런 다이지의 돌고래 사냥을 지켜야 할 지역의 문화유산으로 봐야 할까, 아니면 멈춰야 할 생명에 대한 폭력으로 봐야 할까?

24 생태계를 파괴하는 외래종은 어떻게 하지?

　요즘 공원이나 하천을 걷다 보면 예전엔 없던 식물이나 동물이 눈에 띄지? 남미에서 온 수련이 연못을 덮고, 외국 이름을 가진 물고기가 강에서 헤엄치는 일도 흔해졌어. 사람이 이동하고 물건이 오가는 길이 넓어지면서, 생물도 함께 옮겨 다니게 된 거야. 이렇게 원래 살던 곳이 아닌 다른 지역으로 사람의 활동을 통해 옮겨진 생물을 **외래종**이라고 해. 외래종 중 일부는 번식력이 강하고 천적이 없어 토착 생물을 밀어내며 생태계를 교란하는데 이런 종을 '침입 외래종'이라고 해.

　외래종은 생각보다 다양한 길로 이동해. 예컨대 선박이 짐의 균형을 맞추기 위해 실은 평형수 속에 미세한 갑각류나 조개 유생이 함께 들어 있다가 다른 나라 해안에 버려지면서 새로운 생태계로 퍼지기도 하지. 또 해외 식품이나 원목, 농산물을 수입할 때 곤충의 알이나 병해충이 묻어 들어오고 애완 동물이나 관상용으로 키우던 생물을 방생하면서 문제가 생기기도 해. 관광객의 신발 밑창이나 자동차 바퀴에 묻은 씨앗이 새로운 땅에서 싹을 틔우는 경우도 있지.

대표적인 침입 외래종으로는 황소개구리, 붉은불개미, 베트남민물게가 있어. 황소개구리는 1970년대 일부 지역에서 식용이나 사료용으로 들여왔는데 천적이 없어 빠르게 번식하며 토착 개구리와 물고기를 잡아먹는 바람에 생태계 균형을 뒤흔들었어. 붉은불개미는 수입 화물에 섞여 들어와 항만에서 발견되었는데 독성 때문에 사람과 반려동물에게도 위험할 수 있지. 베트남민물게처럼 관상용으로 유통된 생물이 야외로 방출되면 토착 갑각류와 경쟁하며 서식지를 차지하기도 해.

그렇다고 외래종이 모두 나쁜 건 아니야. 감자, 고추, 옥수수처럼 우리 식탁을 풍요롭게 만든 외래종도 많아. 감자는 안데스산맥이 원산지지만 유럽으로 전해져 식량난 시기 중요한 대체 작물로 쓰였고, 지금은 한식의 찌개나 전에도 빠지지 않는 재료가 됐어. 고추는 중남미가 원산지인데, 일부 기록에서는 일본을 거쳐 조선에 들어왔다는 설이 있어. 처음엔 낯선 식물이었지만 점차 널리 퍼지면서 어느새 한국 음식의 매운 맛을 대표하게 됐지. 옥수수 역시 아메리카 대륙에서 전해져 세계 각지의 주요 곡물이 되었고 오늘날엔 간식뿐 아니라 바이오 연료, 사료, 산업 원료로도 쓰여. 결국 문제는 '어디서 왔느냐'가 아니라, 그 생물이 새로운 환경에서 '어떤 영향을 미치느냐'에 달린 거야.

하지만 외래종은 '들어오는 쪽'만의 문제가 아니야. 우리나라에서 다른 나라로 퍼져 나간 생물도 있어. 예를 들어 붕어는 동아시아가 원산지지만 유럽과 북미의 호수와 하천에 퍼지며 토착 어류를 몰아내 생태계 교란종으로 등록됐어. 꽃게도 선박의 평형수를 타고 지중해 연안까지 이동해 토착 게와 경쟁하며 어획 문제를 일으키고 있지. 심지어 한국에서 관상용으로 재배되던 가시박은 동남아시아 일부 지역으로 퍼져 현지 농작물을 덮어 버리는 침입 식물이 되었다는 보고도 있어. 이처럼 외래종 문제는 어느 한 나라의 책임이 아니라 서로 연결된 생태계 전체의 문제야.

중요한 건 그 생물이 새로운 환경에서 어떤 역할을 하느냐는 거야. 감자나 고추처럼 인간에게 이로운 종도 있지만 토착 생물을 위협해 생태계의 균형을 무너뜨린다면 적극적인 관리가 필요하지. 그래서 과학자들은 없애기보다 들어오지 않게 막는 게 더 현명하다고 말해.

외래종

'외래종'은 원래 살던 곳이 아닌 지역으로 사람의 활동을 통해 옮겨진 생물을 말해. 감자, 고추, 옥수수처럼 재배를 목적으로 들여온 작물들도 모두 외래종이야. 하지만 이들은 농경지에서만 자라며 사람의 손길이 필요한 존재라서 자연 생태계의 구성원은 아니지. 반면 귀화종은 외래종 중에서도 인간의 돌봄 없이도 스스로 자라며 정착해 살아가는 생물을 뜻해. 예를 들어 아까시나무, 개망초, 망초처럼 외국에서 들어왔지만 지금은 우리 땅에 자생하며 토착종같이 살아가는 경우야.

지식 확장

황소개구리, 식탁에서 생태계로

1970년대, 정부가 황소개구리를 식용과 사료용으로 들여왔지만 수익성이 낮아 사육이 중단되며, 방치된 개체들이 전국으로 퍼졌어. 강한 번식력과 천적의 부재로 토착 양서류와 어류를 잡아먹으며 생태계를 교란했지. 지금은 개체 수가 줄었으나 남부 지역의 논과 습지에서는 지금도 발견되고 있어

친절한 교과 씨 생물 다양성으로 수다 떨다

서 환경부는 여전히 황소개구리를 생태계 교란 생물로 지정해 관리 중이야. 수달이나 왜가리, 물뱀 같은 천적이 늘었다지만 성체는 덩치와 독성 때문에 포식이 어려워서 꾸준한 관리가 필요해.

 **토의·토론**

외래종 퇴치, 생태계 복원일까, 또 다른 폭력일까?

황소개구리나 붉은불개미처럼 생태계를 교란하는 외래종은 퇴치 대상이면서 이미 그 환경 속에서 살아가고 있는 생명체이기도 해. 누군가는 생태계를 지키려면 적극적인 제거가 필요하다고 말하고 다른 누군가는 인간이 들여온 생명을 인간이 없앤다는 건 또 다른 폭력이라고 지적하지. 외래종을 없애는 일이 진짜 복원일까, 아니면 인간의 기준으로 '살릴 생명'과 '없앨 생명'을 정하는 일일까?

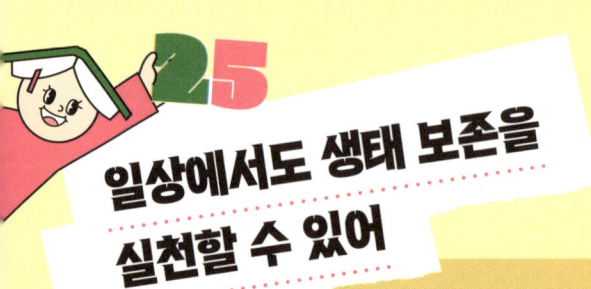

일상에서도 생태 보존을 실천할 수 있어

생태 보존은 거대한 보호 구역이나 멀리 있는 숲에서만 일어나는 일이 아니야. 무엇을 먹고, 입고, 기록하고, 버릴지 등 우리가 매일 하는 작은 선택들이 지구의 생명과 바로 이어져 있지. 도시의 화단, 식탁의 식재료, 옷장 속 옷 한 벌, 그리고 휴대전화 속 사진 한 장까지 모두 생태의 일부야.

도시에서도 생태 보존은 충분히 가능해. 영국 런던에서는 시민과 시청이 함께 런던재야생화기금Rewild London Fund을 만들어 도심 곳곳에 들꽃 초지와 작은 습지를 조성하고 있어. 연구에 따르면 이런 야생화 초지가 벌과 나비 같은 수분 곤충의 개체 수를 약 3배까지 늘린 사례도 있대. 우리나라에서도 '서울, 꽃으로 피다' 프로젝트처럼 시민이 직접 길가나 놀이터 주변을 가꾸는 활동이 활발했지. 특히 한강 자연형 호안 복원 사업은 콘크리트 제방을 자연 재료로 바꾸어 서식 환경을 개선하려는 시도인데, 그 덕에 다양한 생물이 다시 관찰되고 있다고 해. 크고 작은 공간이 이렇게 자연을 되찾는다면 도시의 버려진 화단 하나도 다시 생명의 길이 될 수 있겠지.

식탁 위의 선택도 생태계에 큰 영향을 줘. 멀리서 온 수입 식품은 운송 과정에서 많은 에너지를 쓰거든. 예를 들어 남미 등 먼 지역에서 오는 아보카도는 먼 거리를 오가느라 운송 과정에서 이산화탄소를 많이 배출한다고 해. 그래서 요즘엔 '로컬 푸드'가 주목받고 있어. 서울을 비롯한 여러 지역에서 학교 급식에 지역 농산물 사용을 확대하고 있는데 이를 통해 농민들은 다양한 품종을 보존하며 기후 위기에 더 유연하게 대응할 수 있게 되었어. 이탈리아의 슬로푸드 운동처럼 음식을 소비를 넘어 지역 생태와 연결된 문화로 바라보는 시도도 퍼지고 있지. 우리 식탁이 달라지면 농업의 방식도 달라져. 다양한 종을 지킬 수도 있고, 먼 길을 오느라 낭비되는 에너지도 줄일 수 있으니까.

옷장 속에서도 생태 보존은 가능해. '한 벌 더 오래 입기'가 가장 쉬운 시작이야. 영국의 연구에 따르면 한 벌의 옷을 9개월만 더 입어도 탄소, 물, 폐기물 배출을 20~30% 줄일 수 있대. 덴마크에서는 리페어 카페 네트워크가 전국적으로 확산하고 있고 일부 학교에서는 학생들에게 수선을 가르치는 수리 교육을 통해 버리지 않는 소비를 배우고 있어. 한국에서도 공유 옷장, 리폼 동아리 같은 실천이 점점 늘고 있어.

요즘에는 **디지털 생태 발자국**도 새로운 화두야. 우리가 저장한 사진, 메일, 클라우드 파일을 유지하기 위해 데이터 센터는 막대한 전력을 사용해. 국제에너지기구IEA는 전 세계 전력 소비의 약 1.5%가 데이터 센터에서 쓰인다고 추정하지. 프랑스에서는 매년 디지털 정화의 날Digital Cleanup Day를 열어 불필요한 이메일과 파일을 삭제하는 시민 캠페인을 벌이고 일부 학교에서는 클라우드 다이어트 주간을 운영한대. 이메일 한 통에도 0.2~4g 정도의 이산화탄소가 배출된다고 하니 불필요한 메일을 줄이는 것만으로도 데이터 사용량을 크게 낮출 수 있지.

생태 보존은 거창한 구호가 아니라 생활 방식의 전환이고 자연은 우리가 떨어져 관찰하는 대상이 아니라 함께 살아가는 관계 속에 있어. 길가의 들꽃 한 송이, 지역 농부의 손길, 낡은 옷의 단추 하나, 지워진 이메일 한 통을 비롯한 것들이 지구를 가볍게 만들 수 있지. 작은 습관이 쌓이면 그것이 곧 미래 세대에게 남길 가장 단단한 생태계가 될 거야.

 ## 디지털 생태 발자국

'디지털 생태 발자국'은 온라인 활동이 환경에 남기는 전력 사용의 흔적을 뜻해. 사진, 영상, 게임, 인공 지능 서비스처럼 보이지 않는 데이터가 늘어날수록 이를 저장하고 운영하는 데이터 센터의 에너지 수요도 커져. 데이터가 많을수록 냉각 설비가 더 필요하고 전력 사용량이 기하급수적으로 늘어나지. 이런 이유로 세계 주요 IT 기업들은 재생 에너지 기반 데이터 센터를 늘리고 있어. 우리가 디지털 공간을 효율적으로 관리하는 일도 새로운 환경 보호의 한 방식이 되는 거야.

지식 확장

아보카도 한 개의 탄소 발자국

아보카도는 몸에 좋은 슈퍼 푸드로 불리지만 친환경 식품이라고 할 수는 없어. 대부분 멕시코, 페루, 칠레 등 남미에서 재배되어 선박이나 항공을 통해 장거리 운송되기 때문이야. 연구에 따르면, 아보카도 1kg을 생산하고 운송하는 과정에서 약 2kg의 이산화탄소가 배출된대. 또 아보카도 한 알을 재배하는 데 300~400L의 물이 필요하다는 조사도 있어. 이런 이유로 일부 환경 단체는 지속 가능한 소비란 무엇을 먹느냐보다 얼마나 멀리서 오느냐를 생각하는 일이라고 말하지.

디지털 세상에서 환경 운동은 클릭으로 충분할까?

요즘엔 이메일을 지우거나 클라우드 파일을 정리하는 것도 디지털 환경 운동이라 불려. 이런 흐름 속에서 '클릭 한 번으로도 지구를 지킬 수 있다'라는 캠페인까지 등장했지. 하지만 이런 실천이 실제 변화를 이끄는지는 논란이야. 디지털 생태 발자국 대부분은 거대 기업의 서버 운영에서 발생하기 때문에 개인의 작은 행동보다 산업 구조의 변화가 중요하다는 지적도 있거든. 그렇다면 디지털 환경 운동은 실제 변화를 만드는 실천일까, 아니면 의미없는 상징적 제스처일까?

《AI와 기후의 미래》

김병권 지음, 착한책가게

《AI와 기후의 미래》는 인공 지능이 기후 위기의 해법이 될 수 있을지를 묻는 책이야. 저자는 AI가 에너지 효율을 높이고 탄소 배출을 줄이는 기술적 잠재력을 설명하면서도, 데이터 센터가 남기는 보이지 않는 탄소 발자국을 함께 짚어 줘. 기술의 발전이 문제를 해결하는 동시에 새로운 부담을 낳을 수 있다는 점을 냉정하게 보여 주지. 편리함 뒤의 책임을 묻는 이 책은, 지속 가능한 디지털 사회로 나아가기 위해 우리가 어떤 선택을 해야 하는지를 차분히 생각하게 만들어.

나오며

다양성이 없으면

책장을 덮은 지금, 너희 마음엔 어떤 생각이 남았을까. 아마 '생물 다양성'이라는 말이 단순히 교과서 속 개념이 아니라, 내 삶과 직접 닿아 있다는 걸 느꼈을지도 모르겠어. 우리가 마시는 공기, 먹는 음식, 입는 옷 그리고 오늘 날씨까지, 모두 다른 생명들의 숨결 위에 놓여 있지. 다양성이 줄어드는건 곧 지구의 회복력이 약해진다는 뜻이야.

"지구의 아름다움을 바라보는 사람은,

생명이 존재하는 한 지속될 힘의 원천을 발견한다."

— 레이첼 카슨, 《센스 오브 원더》, 에코리브르

해양생태학자이자 《침묵의 봄》의 저자이기도 한 레이첼 카슨의 말처럼 우리가 여전히 지구의 아름다움을 느끼고 감탄할 수 있다면, 지구는 아직 희망을 품고 있는 거야.

생물 다양성은 지구 생명망의 기초이자 인간의 건강과 식량, 기후 대응력을 지탱하는 보이지 않는 힘이야. 질병이 퍼질 때 저항할 수 있는 유전적 다양성, 가뭄과 홍수 속에서도 살아남는 작물, 기후의 변화를 누그러뜨리는 산호와 숲의 힘, 모두 다양성이 선물한 생명의 방패지. 우리가 그것을 잃는다면, 결국 스스로의 안전망을 허무는 셈이야.

이제 우리는 사라지는 생명들을 지켜 내는 세대로 살아가야 해. 그건 거대한 과학 프로젝트가 아니라 작은 실천의 누적에서 시작돼. 로컬 푸드를 고르고, 쓰레기를 줄이고, 나무 한 그루를 더 심는 일. 그 모든 행동이 지구의 생명망을 다시 잇는 일이야.

앞으로 어떤 진로를 선택하든, 너희가 배우는 과학과 기술, 예술과 사회는 모두 이 다양성의 이야기와 맞닿아 있을

친절한 교과 씨 생물 다양성으로 수다 떨다

거야. 생물 다양성을 지키는 건 지구를 위한 일이면서 동시에 우리 자신을 지키는 일이기도 해.

언젠가 너희가 다른 행성에서 새로운 생명을 발견하게 된다면 그 생명도 아마 '다양성' 속에서 살아갈 거야. 그건 생명이 스스로 선택해 온 가장 현명한 방식이니까. 그러니 기억해 줘. 지구는 너희에게 부탁하고 있어.

"사라지는 것들을 지켜 줘."

그게 바로 이 책을 너희에게 건네는 이유야.

전현직 교사 100인의 추천평

10대의 독서에서 가장 어려운 '이해와 공감'을 동시에 잡은 책이며, 교과를 넘나드는 읽기 자료로서 수업에서는 질문을 만들고 가정에서는 대화를 이어 줄 책입니다.

— 장충고등학교 권희린 선생님

우리가 살아갈 미래에는 과연 자연과 인간이 조화롭게 공존할 수 있을까요? 생물 다양성도 지키고 우리도 지키는 방법을 《친절한 교과 씨, 생물 다양성으로 수다 떨다》에서 찾아보세요.

— 전국교사작가협회 대표, 문산동초등학교 윤지선 선생님

교과서 속 개념을 '왜?'에서 '아, 그래서!'로 바꿔 주는 책이에요. 생물 다양성이 어떻게 나의 일상과 연결되는지 깨닫는 순간, 세상을 바라보는 눈이 더 넓고 따뜻해질 겁니다.

— 서울신도림초등학교 이승주 선생님

말 그대로 10대라면 누구나 수다 떨듯 한 장 한 장 넘기게 되는 책, 생물 다양성이라는 주제로 실컷 수다를 떨다 보면 과학 교과 개념 뿐 아니라 다양한 분야에 대한 지식도 자연스레 연계되는 징검다리 같은 책입니다!

— 서울광양고등학교 황희진 선생님

이 책을 추천해 주신 분들

공승연 선생님, 권보람 선생님, 권희린 선생님, 김경란 선생님, 김고운 선생님, 김남국 선생님, 김남현 선생님, 김미나 선생님, 김미성 선생님, 김민정 선생님, 김보라 선생님, 김빛나 선생님, 김샛별 선생님, 김선 선생님, 김선아 선생님, 김설희 선생님, 김성화 선생님, 김세용 선생님, 김소은 선생님, 김소호 선생님, 김수린 선생님, 김슬기 선생님, 김원배 선생님, 김정음 선생님, 김주선 선생님, 김주원 선생님, 김효정 선생님, 류서진 선생님, 마영실 선생님, 명정은 선생님, 민은정 선생님, 민준범 선생님, 박나리 선생님, 박나정 선생님, 박만재 선생님, 박세진 선생님, 박여울 선생님, 박우정 선생님, 박정은 선생님, 배지해 선생님, 배혜림 선생님, 사지혜 선생님, 서균화 선생님, 서민 선생님, 서성환 선생님, 성열호 선생님, 손지은 선생님, 송경화 선생님, 송민규 선생님, 송숙영 선생님, 심민경 선생님, 양유선 선생님, 오경은 선생님, 오현화 선생님, 유재영 선생님, 유혜미 선생님, 윤미영 선생님, 윤서영 선생님, 윤은실 선생님, 윤지선 선생님, 이고은 선생님, 이나리 선생님, 이나현 선생님, 이미연 선생님, 이보미 선생님, 이선미 선생님, 이선주 선생님, 이승주 선생님, 이윤정 선생님, 이은아 선생님, 이지나 선생님, 이지현(배곧중) 선생님, 이지현(복사초) 선생님, 이진아 선생님, 이현 선생님, 이현정 선생님, 이혜리 선생님, 이혜민 선생님, 장성민 선생님, 정다해 선생님, 정예슬 선생님, 정유미 선생님, 정은선 선생님, 조은수 선생님, 조은혜 선생님, 조희정 선생님, 진해수 선생님, 채나영 선생님, 최동연 선생님, 최서윤 선생님, 최선경 선생님, 최윤영 선생님, 한송이 선생님, 한시은 선생님, 한하나 선생님, 허은경 선생님, 홍윤표 선생님, 홍은채 선생님, 황지현 선생님, 황희진 선생님

미래를 살아갈 10대를 위한 생태계 수업

친절한 교과 씨
생물 다양성으로 수다 떨다

초판 1쇄 발행 2026년 3월 10일

글쓴이 이고은
그린이 불곰
펴낸이 민혜영
펴낸곳 데이스타
주소 서울특별시 마포구 월드컵로14길 56, 3~5층
전화 02-303-5580 | **팩스** 02-2179-8768
홈페이지 www.cassiopeiabook.com | **전자우편** editor@cassiopeiabook.com
출판등록 2012년 12월 27일 제2014-000277호

- 데이스타는 (주)카시오페아 출판사의 어린이·청소년 브랜드입니다.
- 잘못된 책은 구입하신 곳에서 바꿔 드립니다.
- 책값은 뒤표지에 있습니다.